深谋远虑做人　深思熟虑做事

ZUOREN YAOYOU XINJI

做人要有心机

吕叔春◎编著

天津科学技术出版社

图书在版编目（CIP）数据

做人要有心机/吕叔春编著．—天津：天津科学技术出版社，2009.7

ISBN 978－7－5308－5232－3

Ⅰ．做…　Ⅱ．吕…　Ⅲ．成功心理学—通俗读物　Ⅳ．B848.4－49

中国版本图书馆CIP数据核字（2009）第125208号

责任编辑：刘丽燕

责任印制：白彦生

天津科学技术出版社出版

出版人：胡振泰

天津市西康路35号　邮编300051

电话（022）23332398（事业部）　23332697（发行）

网址：www.tjkjcbs.com.cn

新华书店经销

河北省香河县宏润印刷有限公司印刷

开本710×1000　1/16　印张16　字数199 000

2009年11月第1版第1次印刷

定价：32.80元

前言

如果你以为，那些成功的人一定都是绝顶聪明的，那就错了。事实上，一个最大的秘密是，只要你比别人多点“心机”，那么成功就属于你。

最有希望的成功者并不都是才华出众或出身显赫的人，而是那些善于在人生的战场上运用“心机”去博弈的人。

做人单纯，本身不是错，可关键是社会关系复杂，要想更好地生存和发展，就要动点“心机”，以防被人利用和欺骗。做人表面天真可以，但一定要做到心中有数，胸藏“心机”，才能成就大业。

自古成大事者都谨小慎微，“心机”胜人一筹，善于隐藏自己，能以静制动，看似没有，实则充实。那些自以为是、耀武扬威的人，绝不会青史留名。

做人如果不具备一点“心机”，就会陷入死胡同，既没有退路，也没有出路，只能困在死路上。

成功的机会对每个人都是均等的，他不可能比你多，你也不会比他少，你唯一能胜过别人的地方就是你的“心机”。如果你缺少“心机”，就只能默默无闻、暗淡无光地走完一生。如果你不甘落寞，期待富有、高质量的生活，就一定要有“心机”。

“心机”是做人的智慧和谋略，是助你通往成功的桥梁。

如果你能仔细阅读此书，就一定能从中获得大量有益的启示。

contents 目录

第一章　要善于“伪装”自己

做人要适度“伪装”自己。不懂得“伪装”的人显得没有内涵，只能是明里吃亏，暗里受气，千疮百孔，一辈子翻不了身。

要想保护自己，发展自己，就要学会适度的“伪装”。

第二章　审时度势，抓住机遇

“乘风”就是风上我上。大风吹来，趁势而起，择时而为，全力一搏。识时务者为俊杰，懂得审时度势，趁势而起，择时而为，无疑是做人的最高境界。

第三章　你好我好大家好，要给自己留退路

做人难，难做人。很多时候，不仅要给别人留有余地，还要给自己铺个台阶。如果不具备一点“心机”，做人就会陷入死胡同，既没有退路，也没有出路，只能堵在死路上，哀叹绝路。

第四章　说话更需要动用“心机”

做人要有“心机”，很多时候体现在语言上。有些人话说得太绝，信誓旦旦，处处许诺，结果能做到的很少，泡汤的很多，最终累得自己半死，还遭人讨厌，真是出力不讨好，费心还伤神。

第五章　委婉拒绝，说“不”的技巧

不懂得拒绝，是非常可悲的一件事情，我们必须学会拒绝。学会拒绝的艺术，既可减少心理上的紧张和压力，又可表现出自己人格的独特性，同时不至于使自己在人际交往中陷于被动，生活就会变得轻松、潇洒些。

第六章　我为人人，人人为我

得到大众帮助的人成功就大，得到少数人帮助的人成功就小，得不到人们帮助的人，没有能侥幸成功的。我为人人，人人才能为我。自己不帮助别人，还想别人帮助你，无异于等着天上掉馅饼。

第七章 有一种胜利叫“后退”

宠辱不惊，看庭前花开花落；去留无意，望天上云卷云舒。

心态决定一切，有好心态就活得潇洒。

做人若能达到“宠辱不惊”的境界，那么不管遇上什么大事难题也会无所畏惧，哪怕天塌下来，也一样能应付自如。

第八章　方中有圆，圆内容方

做人要有“心机”，就要懂得方圆之道，能够“亦方亦圆”。

一般来说，自然形成的都是圆的，人为修饰的都是方的。方为动，圆为静，方是原则，圆是机变，方是以不变应万变，圆是以万变应不变。外表要圆（大智若愚），内心要方（清静明志）；对己要方（严于律己），对人要圆（宽以待人）。有圆无方则不立，有方无圆则滞泥。做人若能亦方亦圆，方中有圆，圆内容方，就能够在交际中应付自如。

第九章　送礼与礼仪——人际交往的润滑剂

谁都想拥有成功的人生，谁都想在人际交往中显山露水，展现风采！其实想拥有这些并不难，只要你留心二“礼”：礼仪与送礼。时时处处尊重他人，理解他人，言谈举止诚恳谦和，待人接物大方得体，在做人中必然会塑造出完善的形象，拥有梦寐以求的成功人生。

第十章　人在江湖漂，防挨朋友刀

人在江湖漂，谁能不挨刀？

人在社会上，难免要挨刀，但做人最怕的是挨朋友的刀。因为是朋友，你不注意他；因为是朋友，你不防范他；因为是朋友，他了解你的肢体命脉，所以给你的那一刀也插得最深；因为是朋友，他才会知道如何在你背后最软的地方下手。

第一章　要善于“伪装”自己

做人要适度“伪装”自己。不懂得“伪装”的人显得没有内涵，只能是明里吃亏，暗里受气，千疮百孔，一辈子翻不了身。

要想保护自己，发展自己，就要学会适度的“伪装”。

1. 害人之心不可有，防人之心不可无

做人单纯本身不是错，可关键是社会关系复杂，要想在社会上立足，就要懂得伪装自己，以防被人欺诈被人骗。

做人表面天真可以，但内心一定要留点“心机”自己用。

中国古代大哲学家荀子在论人性时说：“人之性恶，其善者伪也。”这句话的意思是，人的品性如果看来是善的，那一定是他努力装扮成这样的，因为人性本来就是恶的。这就是著名的性恶论，同时也告诉人们，做人要有“心机”，必须适度地伪装自己，以防被恶人所害。

人性究竟是善还是恶，绝非三言两语能够说清楚。但是在现实生活中，与人打交道时的确要谨慎小心，不妨考虑一些防范对策，预防万一，否则等到事情发展到糟糕程度时就为时晚矣。

一般人都不喜欢谋略意识强烈的人，也就是心眼太多的人。然而，在现实社会里，心眼多的人和善于欺骗、内心狡诈的人是有区别的。大到国家之间的争端，小到个人之间的利害关系，处处都需要有谋略意识。但却都不需要用欺骗的手段昧良心做事。因此，两者的区分关系是：心眼多的人未必狡诈善欺，但狡诈的人一定心眼多，而且心眼坏。

人生从某种角度看也是一场战争。在这场战争中，为了求生存，必须要有慎重的生活方式和态度，这样才不至于上当、吃亏。当然，为人并不

需要去欺骗别人，但是，社会上鱼龙混杂，可能有陷阱、圈套，必须小心提防。所谓“害人之心不可有，防人之心不可无”。

不知你是否见到过乌龟在遇到天敌时如何保护自己。当敌人出现时，这个家伙便将头和爪子全缩进了壳内，这样装死足足好几分钟它才慢慢将头伸出来张望，等敌人走了，它才敢爬动起来。也许，你也听说过兔子蹬鹰的故事。鹰的眼睛锐利，在高空中便能看清地面上的兔子，而此时兔子并不慌忙，它顺势打个滚，装作死去，鹰一下俯冲下来，本想这下可抓住兔子了，可是意想不到的是，当鹰到达地面伸开双爪时，兔子却一跃而起突然用双爪猛抓鹰的胸肚部位。鹰悲鸣几声，只好带着伤痕逃离了地面。

以上两例都是发生在自然界里的普通故事。在激烈的社会竞争中，人人都想战胜对手，当双方力量悬殊较大或势均力敌时，用反间计去迷惑对方，会使对方放松警惕，处于你的摆布之中，而你此时，已成了狩猎的猎人了。当人的力量处于优势时，也不妨采用一下伪装的战术，这样会使你事半功倍，达到唾手可得的目标。

在复杂的社会里，有看不见的陷阱，所以多点心眼并不是什么坏事。凡是有利于自己的生存，有利于个人能力实现的，都是正当的，合理的。西方哲人曾说过：“凡是存在的，都是合理的。”这话并非无道理。既然我们存在，我们就有理由去求生存、求发展，而一切对自我的压抑和对存在的摧残，才应当被看成为罪恶。

另外，竞争的特性也决定了欺诈存在的必然性。竞争使我们不得不谨慎行事，竞争也使我们每个人必须以自我为中心，必须永远走在同伴的前面，否则优胜劣汰的法则便不会优待我们。

欺诈有很多种，常见的有下列几种。

利用人性的弱点，以利诱人。人是逐利的动物，无论大利小利他都不会放弃，当然他也会考虑自己的成本和风险。但更多的情况下他是敢于铤而走险的。而这时，最好的办法就是予利而诱之。世上任何给予都不是白给的，没有免费的午餐。以利诱人，比较常见而且容易成功。

声东击西，制造假象。这种方法就是要在对方迷惑之时，故意发布一些让对方上当的信息，当然，这些信息对对手来说必须是得之不易或认为准确可靠而极其有用，非如此，不足以迷惑对手。要做到假作真时真亦假的境界，这样假象也便被认为真的了。

诈死和装败也是很好的战术。若诈得像，装得真，则可以扰乱对方的判断，制造对方判断的负担，并使其做出错误的判断而踏入陷阱。助长对方的骄气，使其放松警戒；而你则趁此寻求生的契机；另外还可以解除对方对你的压力，因为他巴不得卸下心头的重担，你的诈死装败正好制造了他们心理的借口。

2. 做人不要过于“精明”

《红楼梦》里的王熙凤做人可谓精明，依仗贾母的宠爱和自家背景，上欺下压，左右逢源。“机关算尽太聪明”，最后令众人生厌，郁郁而死。可见，做人不能不精明，但也不要精明过头。

人不应该对什么事都斤斤计较，相反要该糊涂时糊涂，该聪明时聪明。有句成语“吕端大事不糊涂”，说的正是小事装糊涂，而在关键时刻，才表现出大智大谋。

中国古代这样的大智若愚者很多。

宋代宰相韩琦以品性端庄著称，遵循着得饶人处且饶人的生活准则，从来不曾因为有胆量而被人称许过，可是在下面两件事上的广大神通，实在是没有第二个人可比。这才是“真人不露相”的典范。对于这样的老好人谁会防范呢？他在无声无息中做了这两件大事。

宋英宗刚死的时候，朝臣急忙召太子进宫，太子还没到，英宗的手又动了一下，宰相曾公亮吓了一跳，急忙告诉宰相韩琦，想停下来不去召太子进宫。韩琦拒绝说：“先帝要是再活过来，就是一位太上皇。”韩琦越发催促人们召太子，从而避免了权力之争。

担任大内都知职务的任守忠很奸邪，反复无常，秘密探听东西宫的情况，在皇帝和太后间进行离间。韩琦有一天出了一道空头敕书，参政欧阳修已经签了字，参政赵概感到很为难，不知怎么办才好。欧阳修说：“只要写出来，韩琦一定有自己的办法。”韩琦坐在政事堂，用未经中书省而直接下达的文书把任守忠传来，让他站在庭中，指责他说：“你的罪过应当判死刑，现在贬官为蕲州团练副使，由蕲州安置。”韩琦说完拿出空头敕书填写上，派使臣当天就把任守忠押走了。

要是换上另外的爱耍弄权术的人，任守忠会轻易就范吗？显然不会，因为他也相信韩琦一贯诚实的说法，不会怀疑其中有诈。这样，韩琦轻易除了蠹虫，而仍然不失忠厚。所以，大智若愚实在是一种人生的最高修养，也是一种做人的谋略。大智若愚的人总有更多成功的机会。

另一个晋代人谢万，即谢安的弟弟。他曾经和蔡系争一个座位，蔡系把谢万从位子上推了下去。谢万慢慢站起来，拍拍衣服，边坐回座位上，边说："你差点儿弄伤我的脸。"蔡系说："本来就没有考虑到你的脸。"后来两人都没有把这件事挂在心上，当时人们都称赞他们。

韩琦、谢万都是老谋深算，"心机"重重之人。谢万在处理事情的过程中，受侮受损时，却没有为自己的难堪和损失而大发其怒，记恨于心，相反，却表现出宽宏大量、毫不计较的美德和风度。结果得到了大家的敬重，也使伤人者感到无地自容。

大智若愚，从一个角度说，也可理解为小事愚，大事明，对于个人来说是一种很高的修养。所谓愚，是指有意糊涂。该糊涂的时候，就不要顾忌自己的面子、自己的学识、自己的地位、自己的权势，一定要糊涂。而该聪明、清醒的时候，则一定要聪明。由聪明而转糊涂，由糊涂而转聪明，则必定左右逢源，不为烦恼所扰，不为人事所累，这样也必定会有一个幸福、快乐、成功的人生。

客观的经验告诉我们，做人不要过于"精明"，太精明会遭人讨厌。因为人与人情感的沟通和交流是心的交流，如果做人过于精明，就不能在交际方面获得人心。对人，不必精明；对朋友，傻点更好。交际中的"精明"容易把应该纯朴真挚的关系，人为地弄复杂，使人感到刁钻奸猾，敬而远之。这样精明的结果，只能以自己成为孤家寡人而告终。

做人精明露骨，实则是一种小聪明。

有一种情况是：聪明反被聪明误，自逞聪明，引火烧身。三国时代的杨修，可谓绝顶聪明吧，他的几次"聪明"过了头，才智大显露，结果引起了曹操的忌恨，将杨修杀掉。

人和人的正常交往是平等的。如果一个人举止不讲究，言辞不考究，说话不诚实，居高临下，只能孤立自己，招致他人的"不屑一顾"。

做人要精明，但不要过于精明，更不能精明到露骨。

3. 心里话不能随便对人说

心事是自己的秘密，只可留给自己，千万不能心里搁不住事，成为别人要挟你的把柄。那真是单纯过头，吃亏吃尽，糟糕透顶。

有的人存在这样的毛病：心里搁不住事，有一点点喜怒哀乐，就总想找个人谈谈；更有甚者，不分时间、对象、场合，见什么人都把心事往外掏。

其实这也没有什么不对，好的东西要与人分享，坏的东西当然不能让它沉积在心里。要说可以，但不能“随便”说，因为你每个倾诉对象都是不一样的。说心里话的时候一定要有“心机”，该说则说，不该说千万别说。

之所以处理心事要这么慎重，是因为心事的倾吐会泄露一个人的脆弱面，这脆弱面会让人改变对你的印象。虽然有的人欣赏你“人性”的一面，但有的人却会因此而下意识地看不起你。最糟糕的是脆弱面被别人掌握住，会形成他日争斗时你的致命伤。当然这一点不一定会发生，但你必须预防。

有些心事带有危险性与机密性。例如你在工作上承担的压力与牢骚，你对某人的不满与批评，当你快乐地倾吐这些心事时，有可能他日被人拿来当成修理你的武器，那时你是怎么吃亏的，连自己都不知道。

那么，对好朋友应该可以说说心事吧！答案还是：不可随便说出来，你要说的心事还是要有所筛选，因为你目前的“好”朋友未必也是你未来的“好”朋友。

即使是对家里人，也不可强硬把心事说出来。假如你的配偶对你的心事的感受与反应并不是你能预期的，譬如说，她（他）因此可能对你产生误解，或者把你的心事也说给别人听……

然而，闭紧心扉，心事“滴水不漏”也不是好事，因为这样你就成为一个城府深，“心机”沉，不可捉摸与亲近的人了。如果你本就是这样的人，那无太大关系，如果不是，给了别人这种印象是划不来的。

所以，真正有“心机”的人应该这样做：偶尔也要说说无关紧要的“心事”给你周围的人听，以降低他们对你的揣测与戒心。

4. 锋芒要藏而不露

自古成大事者都谨小慎微，“心机”胜人一筹，善于隐藏自己，能以静制动，看似没有，实则充实。那些自以为是、耀武扬威的人绝不会因为施逞得势而名留青史。

《三国演义》中有一段“曹操煮酒论英雄”的故事。当时刘备落难投靠曹操，曹操很真诚地接待了刘备。刘备住在许都，在衣带诏签名后，为防曹操谋害，就在后园种菜，亲自浇灌，以此迷惑曹操，放松对自己的警惕。

一日，曹操约刘备入府饮酒，以龙状人，议起谁为世之英雄。刘备点遍袁术、袁绍、刘表、孙策、刘璋、张绣、张鲁、韩遂，均被曹操一一贬低。曹操指出英雄的标准——“胸怀大志，腹有良谋，有包藏宇宙之机，吞吐天地之志”。刘备问：“谁人当之？”曹操说，只有刘备与他才是。

曹操独具慧眼正好说到刘备的志向，刘备被曹操点破是英雄后，竟吓得把匙箸也丢落在地上。恰好当时大雨将到，雷声大作。刘备从容俯拾匙箸，并说：“一震之感，乃至于此。”巧妙地将自己的惶悚掩饰过去，从而避免了一场劫数。刘备在煮酒论英雄的对答中是非常聪明的。

刘备藏而不露，人前不显耀、不吹牛自大，装聋作哑不把自己算进英雄之列，这办法是很让人放心的。他的种菜、他的数英雄，至少在表面上收敛了自己的行为。一个人活在世上，气焰是不能过于张扬的。

孔子年轻的时候，曾经受教于老子。当时老子曾对他讲：“良贾深藏若虚，君子盛德容貌若愚。”即善于做生意的商人，总是隐藏其宝货，不令人轻易见之；君子之人，品德高尚，而容貌却显得愚笨。其深意是告诫人们，过分炫耀自己的能力，将欲望或精力不加节制地滥用，是毫无益处的。

中国旧时的店铺里，店面是不陈列贵重货物的，店主总是把它们收藏起来。只有遇到有钱又识货的人，才告诉他们好东西在里面。倘若随便将上等商品摆放在明面上，岂有贼不惦记之理。

不仅是商品，人的才能也是如此。俗话说的“满招损，谦受益”，才华出众而喜欢自我炫耀的人，必然会招致别人的反感，吃大亏而不自知。

世界上才能高的人很多，但有“心机”的人却不多。同样一部《三国演义》，死于曹操手下的才高八斗之士数不胜数，如孔融、杨修、祢衡之流，皆因他们不善于隐藏自己才命丧黄泉。所以，无论才能有多高，都要善于隐匿，即表面上看似没有，实则充实丰富。做人要能达到这样的境界。

5. 关键时刻要会“装傻”

聪明做人，再好不过，但真正聪明的人，不会处处显示自己比别人有能耐，特别是关键时刻，他总会故意装傻，以避树大招风，麻烦事缠身，这就是做人的“心机”。

在我们的周围，有些人的确很聪明，但总是喜欢抬杠，以显示自己是个有想法且聪明胜于别人的人。这些人搭上话就针锋相对，无论别人说什么，他总要加以反驳，其实他自己一点主见也没有。不过当你说“是”时，他一定要说“否”，当你说“否”的时候，他又说“是”了。事事要占上风，纯粹是没有“心机”的失败者。

即使你真的聪明，也不应该以这种态度去和别人说话。你简直不为对方留一点面子，好像要把他逼得无路可走才心满意足，可想让人无话可说，达到心理上的满足，可想过没有，你满足了，那么人家会不会满足呢？答案是显而易见的。相信你并没有想到这一层，但实际上你却是这样做的。别人会意识到你是一个没有“心机”的傻人。这种不良习惯使你自绝于朋友和同事；没有人愿意给你提意见或建议，更不敢向你提一点忠告。你本来是一个很好的人，但不幸染上了这种坏习惯，朋友、同事们都远你而去了。唯一改善的方法是养成尊重别人的习惯。首先要明白，在日常谈论中，你的意见未必是正确的，而别人的意见也未必就是错的。把双方的意见综合起来，你至少有一半是对的。那么，为什么每次都要反驳别人呢？有这种坏习惯的人当中，聪明者居多，或者是些自作聪明的人，也许他太热心，想从自己的思想中提出更高超的见解，他以为这样可以使人敬佩自己，但事实上完全错了。一些平凡的事情，是没有必要费心做高深的研究的，既然不是在研究讨论问题，又何必在一些琐碎的事情上固执己见呢？另外有一点你也应该注意，那就是在轻松的谈话中不可太认真了。

别人和你谈话，他根本没有准备请你说教，大家说说笑笑罢了。你若要硬作聪明，拿出更高超的见解（即使确是高超的见解），对方也绝不会乐意接受的。所以，你不可以随时摆出像要教训别人的神气。

当你的同事向你提出建议时，你若不能立刻表示赞同，但起码要表示可以考虑，不可马上反驳。假如你的朋友和你聊天，那更应注意，太多的执拗能把有趣的谈话变得枯燥乏味。

如果别人真的犯了错误，而又不肯接受批评或劝告时，你也不要急于求成，不妨后退一步，把时间延长一些，隔几天再谈，否则，大家固执己见不但不能解决问题，反而伤害了感情。

因此，最聪明的做法就是表现得谦虚些，尊重别人的想法，随时考虑别人的意见，不要做一个固执的人，应当让人们都觉得你是一个可以交谈的人。大量事实说明，人们谈话时都有一个目的：想知道别人对某件事的看法是否和自己相同。他们希望别人也能和自己对某件事情有相同的看法。如果别人的看法与自己的看法略有不同或大不相同，你也应该显得对此很有兴趣。

如果双方的意见一致，你就会感到一种同情安慰；如果发现双方的意见有差异，你会感到这是一种刺激，因而引起双方的争论。

因此，当你听到别人的意见和你一样时，你要立刻表示赞同。不要以为这样做会被人认为你是随声附和，因而就不吭声。不吭声，虽然不会被人误解为随声附和，却也容易使人认为你并不同意。

同样，当你听到别人的意见和自己不一致时，你也要立刻表示在什么地方不同意、为什么不同意，不要以为这样会伤害彼此的感情而不吭声。因为“心机”也是一种胸怀，一种从容和大度，如果这两样你都不被别人承认，那只能是做人的失败。

6. 切忌自我炫耀

有“心机”的人懂得：一时的成绩不代表永久，也不代表你比别人高一筹。虽说成绩是自己的，但是一味张扬、炫耀只会带来负面效应。

中国人受儒家传统文化影响深厚。“知之为知之，不知为不知，是知也。”“谦虚使人进步，骄傲使人落后”……这样的格言、警句多如繁星。它们说的都是对待成绩的看法，在成绩面前保持平和，才会有更大的进步，也不会影响到别人，特别是影响没有成就的人的感情。所以这些话更强调做人的“心机”。

不仅中国如此，外国也一样。美国科学家富兰克林说过：“缺少谦虚就是缺少见识。”英国哲学家斯宾塞认为：“成功的第一个条件是真正的虚心，对自己的一切敝帚自珍的成见，只要看出与真理冲突，都愿意放弃。”法国思想家孟德斯鸠说：“我从不歌颂自己，我有财产、有家世，我花钱慷慨，朋友们说我风趣，可是我绝口不提这些。固然我有某些优点，而我自己最重视的优点，即是我谦虚……”可见，谦逊是我们人类共同珍视的美德。

爱因斯坦由于创立了相对论而声名大振。据说，有一次，他9岁的小儿子问他：“爸爸，你怎么变得那么出名？你到底做了什么呀！”爱因斯坦说：“当一只瞎眼甲虫在一根弯曲的树枝上爬行的时候，它看不见树枝是弯的。我碰巧看出了那甲虫所没有看出的事情。”

谦虚不仅是成功的要素，谦逊与内心的平静也是紧密相连的。内心的平静是做人的一种高度的“心机”。我们越不在众人面前显示自己，就越容易获得内心的宁静，这样，就容易引起别人的认同，得到别人的支持。

炫耀自己是一个危险的、十分可怕的陷阱，而且，这个陷阱是我们自己挖掘的。它会使你把大量精力放在显示成果、自吹自擂，或试图让他人信服你的个人价值方面。而夸夸其谈、自吹自擂通常会使你骄傲自满，把荣誉当做自我欣赏的装饰品，阻碍你继续前进的脚步。

其实，自高、自大、自傲是缺乏“心机”的一种表现。一个人如果稍稍有一点可怜的成就，于是耳朵就不灵光了，眼睛也花了，路也不会走了，开始自我膨胀、发烧了；自以为写了两篇文章就成了作家，演了两部电影就成了电影明星，唱了两首歌就成了歌星……

一个人的成就再伟大，也只是相对于个人而言；在我们所生存的这个宇宙之中，没有什么不是渺小的。如果你在某一方面取得了一定的成绩，你不应该过于看重它，因为它已成为历史。不要留恋你的影子，哪怕它很辉煌，它毕竟只是虚无缥缈的影子而已。要知道，当你望着你的影子依依不舍的时候，你正好背离着照亮你的太阳。

或许，你所自鸣得意的事，正好是受人奚落的短处，就好像口袋里装着一瓶麝香的人，不会到十字街头去叫嚷让所有的人都知道自己口袋里的东西，因为他身后飘出的香味已说明了一切。

真正有“心机”的人是绝不会滥用优点和荣誉的，他不会等待着去享受荣誉，他会继续努力去做那些需要做的事。正如俄国科学家巴甫洛夫所谆谆告诫的：“绝不要陷于骄傲。因为一骄傲，你们就会在应该同意的场合固执起来；因为一骄傲，你们就会拒绝别人的忠告和友谊的帮助；因为一骄傲，你们就会丧失客观方面的准绳。”

况且，让事情更糟的是，你在得意时越夸耀自己，别人越回避你，越在背后谈论你的自夸，甚至可能因此而怨恨你。同时，骄傲的人必然妒忌，他喜欢见那些依附他的人或谄媚他的人，他对于那以德性受人称赞的人会心怀嫉恨的，结果，他就会失去内心的宁静，以至于由一个愚人变成一个狂人。

然而，具有讽刺意味的是，与此情况刚好相反，你越少刻意寻求赞同、越少刻意炫耀自己，你却会获得越多的赞同和欣赏。要知道，在日常生活中，人们更留心那些内向、自信，不随时随地表现自己的正确与成绩的人。大部分人都喜欢那些不自夸的、谦逊的人，他们总把自己藏在内心，而不是表现为自我主义。

当然，真正学会谦逊是需要实践的。这是件很美的事，因为你在平静轻松的感觉中会立即获得内心的充实。如果你的确有机会自夸，那么，尝试着去尽力抑制住这一欲望吧，那将使你受益无穷。

有一位朋友对谦逊曾经有过深刻的体验。在被提职后的几天里，他与朋友聚了一次。朋友们都不知他提升了的消息，他很想把这个好消息告诉大家。而且，他与另一个朋友都是被提升的候选人。同为候选人，他和这个朋友之间当然有些竞争，现在的结果是他得到了提升，所以他极想向大家宣称自己被提升而那位朋友没有。可话到嘴边，他隐隐觉得有个声音在说："不，千万别说！"于是他只淡淡地笑了一下，只告诉大家自己被提职，没有提及另一个朋友未被提升之事。因为他明白，这事不用说大家也知道，说出来反而影响自己的形象，伤害朋友间的感情。自己在心里庆祝一下不是更好吗？

7. 谨防小人

小人是最难缠的，小人是最爱嫉恨的，小人也是最难防的。所以，对付小人最好的方法，就是深藏不露，让他抓不住把柄，挑不出刺，看他有何办法奈何我？

竞争激烈的社会是一个利益为先的社会。许多人都善于察言观色，调节与人相处的方式，顺着别人的性子做事。所以你要时刻警惕，别让自己的喜怒哀乐成为别人利用的对象。如果你不想被别人控制，就得先控制自己的情绪，在必要时伪装自己，深藏不露。

没有“心机”或“心机”不多的人，通常要吃小人的亏。

一听到别人的奉承就面有喜色的人，有心者便会以奉承来同他接近，向他要求，甚至向他进行“软性”的勒索；一听到某类言语，或碰到某种类型的人就发怒的人，有心者便会故意制造这样的言语，指使这种类型的人来激怒你，让你在盛怒之下丧失理性，迷乱智慧，失去风度；一听到某类悲惨的事，或自己遭到什么委屈，就哀感满胸，甚至伤心落泪的人，有心者了解了你内心的脆弱面，便会以种种手段来博取你的同情心，或是故意打击你的情感的脆弱处，以达到他的目的；一个易因某事就“乐不可支”的人，有心者便可能提供可“乐”之事，好迷惑你，以遂行其意图……

有人也比较痛恨这种不能痛快发泄的隐藏，觉得似乎世人没有一个可靠，而人生也充满痛苦；诚然，连喜怒哀乐都不能自由表达，这种人生太没意思。不过，若因喜怒哀乐表达失当而招来无妄之祸，那人生岂不是更没意思？因此，人没有必要做一个喜怒哀乐见不着痕迹的人，但又何妨不把喜怒哀乐放在口袋里？

这样做的目的有：把喜怒哀乐从情绪中抽离，你便可以理性、冷静地看待它，思索它对你的意义，并进而训练自己对喜怒哀乐的控制，做到该喜则喜，不该喜则绝不喜的地步。

把喜怒哀乐放在口袋里，就是不随便表现这些情绪，以免给别人窥破弱点，予人以可乘之机。

8. 适度暴露一些缺点，别让人觉得你很完美

成全别人的好胜心，会让别人更加喜欢你，从而获得良好的人际关系。这点“心机”还是很容易实现的，只要偶尔暴露一些无关紧要的小毛病就行了。

学生对一位新来的老师感到有些好奇和畏惧。因此，这位老师故意在课堂上说：“我的字写得不好看，板书更差，小学时我的书法都不及格，因此我特别害怕在黑板上写字。”以此博得学生一笑，为的是很快缩短师生之间的距离。有时，他也会说：“如何，我的领带漂亮吗?”学生就会暗暗在心里想：“这老师真有趣，尽注意些小事，可见老师也是凡人。”学生的心情一下子放松了，便产生了亲切感，此后这位老师的教学也变得很顺利。

同样的，在人前演讲，在麦克风前打喷嚏，站不稳，故意表演些小失误，就能缓和原来紧张的气氛。听众们对有头衔的大教授都有戒备心，但是看到小的失误后，心里便会想：“同样都是人，难免做出些不雅的事。”于是一种亲切感就自然产生了。

与有自卑心理和戒备心的人初次见面时的会谈是很困难的，尤其在社会地位有差距时，对方在居下的位置上心中会有胆怯感。此时对方心理上自然筑起一堵防御墙，首先让对方树立“自己不比别人差”的观念，这一点很重要。

华盛顿特区有一位名演员，他是出名的花花公子，一位曾经被他追求过的女性回忆说：“若是他触动了我的‘母性’本能，我就凡心大动。他往往会说：‘我真笨，连衬衫都穿不好。’”这位男演员就是利用母性本能，博得女人欢心的。

人人都有自尊心，人人都有好胜心，若要联络感情，应处处重视对方

的自尊心，因为要重视对方的自尊心，必须隐藏你自己的好胜心，成全对方的好胜心，这样表面上对方胜利了，实际上却是你胜了。

比如对方与你有同性质的某种特长，对方与你比赛，你必须让他一步，即使对方的技术敌不过你，你也得让对方获得胜利。但是一味退让，会表现不出你的真实本领，也许会使对方误认你的技术不太高明，反而引起无足轻重的心理。

所以你与他比赛的时候，应该施展你的相当本领，先造成一个均势之局，使对方知道你不是一个弱者，进一步再施小技，把他逼得很紧，使他神情紧张，才知道你是个能手，再一步，故意留个破绽，让他突围而出，使之从劣势转为均势，从均势转为优势，结果把最后的胜利让于对方。对方得到这个胜利，不但费过许多心力而且危而复安，精神一定十分愉快，对你也有敬佩之心。

不过安排破绽，必须十分自然，千万不要让对方明白这是你故意使他胜利，否则便觉得你虚伪。所面临的难题，是起初你还能以理智自持，比赛到后来，感情一时冲动，好胜心勃发，不肯再让步，也是常有的事。或者在有意无意之间，无论在神情上，在语气上，在举止上，不免流露出故意让步的意思，那就白费“心机”了。

生活中常常有些人，无理争三分，得理不让人，小肚鸡肠。相反，有些人真理在握，不吭不响，得理也让人三分，显得绰约柔顺，君子风度。前者，往往是生活中的不安定因素，后者则具有一种天然的向心力；一个活得叽叽喳喳，一个活得自然潇洒。有理，没理，饶人，不饶人，一般都是在是非场上、论辩之中。假如是重大的或重要的是非问题，自然应当不失掉原则地论个青红皂白甚至为追求真理而献身。但日常生活中，也包括工作中，往往有些人为一些非原则问题、鸡毛蒜皮的问题争得不亦乐乎，以至于非得决一雌雄才算罢休，越是这样的人越对甘拜下风的瞧不顺眼。

时下里流行一句话：“玩深沉”，就是讲究隐藏与“心机”。其实这种场合玩点深沉正显示了大度绰约的风姿。争强好胜者未必掌握真理，而谦下的人，原本就把出人头地看得很淡，更不消说一点小是小非的争论，根本不值得称雄。你若是有理，却表现得谦逊，往往能显示出一个人的胸襟之坦荡、修养之深厚。

9. 喜怒不形于色

什么样的人最有“心机”？当然是面无表情、喜怒不形于色的出家人。但普通人无法与出家人相比，都有七情六欲，不可能毫无表情，可是把喜怒都表现在脸上无疑暴露了你内心的想法，哪怕这些想法是暂时的也会被高手识破，所以做人要谨慎。

不管你心里有多大波涛在起伏，你都不要表现出来，都要藏在心里。这样做的原因有二：其一，你心里的事是你自己的，让别人来一同承受是不公平的；其二，你都表现出来人家会觉得你这个人太浅薄，没有“心机”，什么事都藏不住。

在生活中，喜怒不形于色的人是能够成大事的。

此种人并非是卑躬屈膝，装出笑脸，更不是为了奉承上司，强露笑齿，而是始终保持自然的神态，喜怒不形于色。没有一定的知识和阅历的人，尤其是刚工作不久的人，是很难做到的。但只要你想做，并不是不可能做到。你每天起床后，或睡觉之前，对自己说一声：“我绝不表现出不耐烦的神色。”以此警惕自己；或者是在日记上，仔细写出来，要每天持续不断地做。

自古以来，凡是成功者很少有因外界的事物而喜而忧的。当然，人有时会高兴，有时候不免忧愁，但千万不要被情绪所左右。有高兴的事，表现在脸上无妨，但悲哀的事就不要表现出来。因为将一切都表现在脸上，更会促使情绪强烈化，而不能忍受悲哀。如把愤恨表现在脸上，恨也会加倍。因此，成功立业之人，对这方面都尽量不形于色。

当你有不愉快的事，突然被上司看到，并因你不形于色感到奇怪，你应该高兴。因为上司会觉得：这个人遇到这种情况仍脸色不变，究竟此人是怎样的一个人呢？而无法透知你的底细。

当你被大家认定是不会随便改变脸色的人，你的上司可能早已在心里对你敬畏三分。无论上司如何骂你、嘲讽你、冷淡你，你都能默默忍受，连眉头都不皱一下，这种修养需要有相当的自信才可做到。

当你失意或得意时，都能泰然自若，不表现出不悦之色或骄矜之色，旁人看来，会觉得你很了不起。

与上司交涉时，要堂堂正正地由正面接触，谈论的道理要有证据，如此上司便不敢不重视你。且于争辩时，你必须说一声："我不敢跟你强争，否则会伤感情，但请你多多考虑。"

如此一来，上司会觉得你替他保留了一点面子，抗拒心就会减少。如你逼他太甚，一定会激起他的怒火，他势必不肯认输，而跟你争辩到底，一场争斗就免不了了。

所以，我们要为对方留下一条退路。当你的上司向你表示折服，你一定要表示出你的诚意："因为我有我的立场，因此不得不向你提出这些违背你的议案。事实上，我并不是要反驳，只是为了整体的利益才这样做，这点请多多包涵……幸亏能得到你的谅解，让我松了一口气，今后还请多多指教……"这样以低姿态来跟他说出你的真意，方为明智之举。

正面的争论和充满着诚意，这两者都具备，则上司必然无法战胜你，且他也会认输，说："这个人的头脑真好，这人也真不错，看样子我原来误解了他。"

不管是沉默还是有必要的争论，都必须就事论事，不带感情色彩，才会达到应有的效果。

第二章　审时度势，抓住机遇

“乘风”就是风上我上。大风吹来，趁势而起，择时而为，全力一搏。识时务者为俊杰，懂得审时度势，趁势而起，择时而为，无疑是做人的最高境界。

1. 机遇永远光临有心人

一个人要成功，当然少不了良好的个人素质。其中以识时务为最重要。一个人要取得良好的发展，外部机遇这个因素是绝对不可缺少的。

历史是英雄人物的画廊。英雄豪杰之所以能够在动荡不安的环境中立足，在尖锐激烈的社会竞争中取胜，有一条共同的诀窍，就是善识时务，顺应客观形势，遵循历史的需要，将自己的行为建立在对客观形势的冷静分析基础上。“识时务者为俊杰”，就是这个意思。

“时势造英雄”，“时势”指的就是一种机遇。机遇的表现形式是多种多样的，良师的指导、贵人的提携、轻松的环境、朋友的帮助等都不失为一种机遇。机遇的来临若隐若现，要把握好并非易事。但有一点可以肯定，机遇光临有心人的次数要比没有准备的人多得多。

中国历史上有个故事是“扶不起的阿斗”。阿斗是蜀主刘备的儿子，他虽然得到诸葛亮、姜维等能人的扶持，但因他无定国安邦之雄心，最终难成大事，沦为亡国奴。可见，机遇是重要的，但机遇毕竟是外因，真正起作用还得靠奋斗着的人。因而说，先有人的勤奋努力，然后才有机遇女神的青睐。

成都武侯祠有一副名联：能攻心则反侧自消，自古知兵非好战；不审时即宽严皆误，后来治蜀要深思。

这一名联是后人追溯诸葛亮治蜀的伟大业绩而写的。上联是指诸葛亮采取“攻心为上，攻城为下”的策略，七擒孟获，平定西南的历史；下联讲的是诸葛亮审慎分析蜀地的客观形势，采取从严治蜀的策略，取得显著治绩的故事。

据说，诸葛亮随同刘备入主西川之后，刘备要他制定治国的大政要略，诸葛亮主张从严治蜀。蜀郡太守法正不以为然。他对诸葛亮说：“从前汉高祖刘邦入关，约法三章，关中百姓无不感激。我希望丞相效法刘邦，从宽治蜀，减轻刑法，放宽监禁，以慰百姓的不满。”诸葛亮说：“你只知其一，不知其二。秦王朝法律严酷暴虐，百姓无法忍受。为此，汉高祖刘邦兵进咸阳之后，将秦朝旧法一概废除，实行杀人者死，伤人及盗抵罪的三章约法，以示宽大。为此，一人号召，天下响应，成就了伟大事业。而刘璋在川中统治多年，愚昧软弱，有益百姓的政治措施不能实行，有威严的刑罚不受尊重，豪门大户专权放纵，君臣纲纪不能维持，上下不思进取，死气沉沉。在这样的客观形势下治蜀，就要针锋相对，实行严治。唯有如此，法令实行起来，老百姓才会知道实行严厉法令的好处。在这种情况下治蜀，封官赏爵要有所限制。在有所限制的情况下实行封赏，被提升的人会有荣耀感。如此，百姓得益，官吏知荣，上下都会遵循法度。作为治理国家的要略，这一点最重要。”诸葛亮的宏论，当场为法正等人所信服。

从严治蜀的方略，得到了实践的证明。在这一方略指导下蜀地很快强大起来，物富民足，社会安定。

历史发展的趋势，社会现实的需要，是不可遏止的力量。顺之则昌，逆之则亡。陈胜、吴广这两个人本是平常百姓，振臂一呼，竟然天下云集而响应，发动了轰轰烈烈的秦末农民大起义，成为千古传颂的伟大人物，这是因为他们适应了秦末社会矛盾空前激化，一触即发的客观形势；袁世凯以一国总统的权威，巧设机谋，费尽心机，想做“洪宪皇帝”，结果全国共讨，万人痛骂，呜呼哀哉，一命归天，这是因为他的行为与中国人民痛恨封建专制、向往自由的愿望背道而驰。

个人的力量无论如何强大，与整个社会比较起来，都是渺小的、微不足道的，犹如大海浪尖上的一片树叶。人要想成就一番大事业，就必须认清形势，认清历史大潮的走向，掌握社会的脉搏跳动，顺应之，追随之，在客观条件的作用下，“好风凭借力，送我上青云”。这就是人成大事必须懂得的审时度势。试问，历史上那些成就一番伟业的人们，有哪一个不是审时度势的高手？

显而易见，一个人要成大事，必须做识时务之人。这里的“时务”，是一个十分广泛的概念，它是指个人以外的局势和情况。聪明的人，想有作为的人，应该时时刻刻密切注视时势的现状和变化态势，掌握时代的脉搏，发现客观的需要，寻找得胜的时机，将自己的行为建立在扎实可靠的客观基础上，立于不败之地。

2. 在机遇面前调整自己

古人说：成者王侯败者寇。而古今中外之成大事的人，无一不是识时务的俊杰。“识时务”从本质上讲是一种“变”的哲学。“穷则变，变则通”，实乃千古不变的真理。

不变是相对的，变化是绝对的。人成功要“识时务”，要能看透世事发展的趋势，并顺应世事发展，及时采取应变之策。

识时务者大都是聪明人，他们知道如何防患于未然并转危为安。固执的人对识时务者往往感到不齿，这缘于一个人的地位和身份。可是，这个世界上没有什么是永恒不变的。特别是在考验一个人是否识时务的关键时刻，原来的地位和身份似乎并不具有多少价值，在情势复杂的时候，只要不涉及原则问题，大可做些变通的工作。“变则通，通则久。”有了这样的生存适应能力，人生往往能够平稳地走下去。

时务是指事态的发展状态，发展趋势。根据这趋势把握自己的行为举止，根据趋势决定自己何去何从。

时务学理论认为，任何世事的构成或运动变化都是由系统内外条件和多种因素决定的。当某些条件和因素达到一定的排列组合和结构状态时，只要从系统外部再加入一定的能量、信息或物质，整个世事就会发生结构上的重大变化，而身处局内之人可能就会因此而被卷入这一变化之中。即将发生变化的这一转折点可以称为“世事”。“世事”的事机对应着的时间数轴上的某一点，被称为“时机”。事机和时机统归于时务的涵盖之下。时务在事机和时机之上更具有待选择、决策和行动的意味。抓住时机和事机选择、决策和行动，能出现更高的工作效率，不仅时效高，效能大，运动的势能强，而且实现预期目标的可能性最大。任何世事在其发展过程中都存在着时机和事机，尤其对人生选择、经营决策、计划实施等至关重要。能够较准确地识别时机和事机的到来，并据此做出人生抉择，即为识时务的俊杰。

时务中最重要的是时机问题。准确地把握时机，便能事半功倍；一旦失去时机，两手空空一无所获不说，走向失败甚至毁灭的境地也不为过分。而良机不能坐等。捕捉时机，转移视角或重新选择都贵在积极的行动。从某种意义上来说时机具有开放性，它对每个人都公正无私，但并不是每个人都能得到和驾驭好，其原因正如著名生物学家巴斯德所说："机遇只偏爱那种有准备的人。"只有辛勤劳动、反复思索，才能抓住灵感，赢得最佳时机。古往今来有多少人因坐失良机和不思变异而留下了千古悔恨和终生遗憾。

审时度势是识时务最基本的功夫之一。看透世事发展的趋势，并顺应世事发展，及时采取应变之策，才是识时务的要义之一。人生总有各种各样难以应付的局面出现，关键是如何根据实际情况来保全自己。越王勾践对夫差俯首称臣，表面上是软弱，实则为东山再起积聚力量。

汉朝开国皇帝刘邦，曾听从谋士的建议，努力改变个人生活。刘邦未发迹时，个人生活习惯的调整，成就了刘邦统一天下的大业。

孙中山、郭沫若、鲁迅，早年都是学医的，但由于人们的生活环境及条件的变化，各自都先后进行了人生大目标的调整。

孙中山后来投身政治，为推翻清王朝，创建"中华民国"，做出了巨大贡献，成为"中华民国"第一任大总统。

鲁迅转而献身文学，成为中国新文学的倡导者之一。

郭沫若则亦文亦政，既是中国现代文学的巨匠，又参加过南昌起义，担任过新中国中央政务院副总理等高级领导职务。

以上三个成功者，都先后把学医之志调整了。

毛泽东早年想当好一个教师，学的也是师范，后来却转向闹革命，成为大军事家、政治家。

人要成功，就要审时度势，睁大眼睛，不断进行人生步伐的调整。只要能识时务地调整，就一定会使自己找到通向成功的快捷方式，只要是识时务地改变，就一定会使自己踏上通往成功的快车。

3. 带着望远镜看世界

“管中窥豹，可见一斑”，敏锐的洞察力和准确的判断力是人生财富永不干涸的源泉，好眼力是人成功必备的资本之一。

有记者采访比尔·盖茨：“比尔先生，为什么您能成为世界首富?”比尔·盖茨回答：“我之所以能成为世界首富，有三大秘诀，第一就是带着望远镜看世界。”

“带着望远镜看世界。”是什么意思呢?就是人要有超前的目光，看到未来的发展趋势。

势有大小之分。大者，国家政局的变化，世界格局的重组等；小者，市场的需求，自身的优势等。对一个普通人来说，大到国家领导人的更迭，小到一个乡镇芝麻小官的去留，都会对自己有影响。在政策方面，国家鼓励发展什么，限制发展什么，对人更是有直接的关系。做对了方向，顺着国家鼓励的方向努力，事半功倍，比如俞敏洪的成功，就是赶上全国性的英语热和出国潮这种“势力”。但做反了方向，比如说，国家正准备对某行业制订政策进行限制、淘汰，你偏赶在这时昏头昏脑地撞了进去，那真叫“天堂有路你不走，地狱无门你要钻”，一定会鸡飞蛋打。

毛主席说过：上什么山唱什么歌。革命先驱孙中山也说过：世界潮流，浩浩荡荡，顺之则昌，逆之则亡。两位伟人说的话同样可以视为指导人成大事的根本思想。

张果喜从创业之初到现在已经28年了，他一直保持不败的秘诀你知道吗?

张果喜自己这样认为：我们的企业在中国，就应该了解中国的国情。掌握我们国家各个阶段的方针政策和法律法规，只有这样我们才能把握好企业的方向。所以，企业家可以不从政但不能不关心政治。

对于政治，很多人都忽视了它的存在。绝大多数人的心里，都存在一种难以扭转的习惯心理：我经我的商，你从你的政，井水不犯河水。在这一心理的支配下，还能从政治领域里挖到商机吗？

一个姓范的普通温州商人，在游览天安门城楼时，突发灵感：要在此地开设“马列书店”，专卖伟人著作。书店开张后，火爆不已。

温州一家报纸曾专门做过一项调查，结果表明，大多数的温州人都关心政治，60%的生意人都“因为某项政策的出台而放弃或者更有信心做某项生意或投资”。

泸州老窖出酒大典每逢盛大节日或贵宾视察时才举行，而1999年9月8日那次出酒大典意义更是非同一般，因为这次活动带有强烈的政治色彩。

泸州老窖集团将利用其具有400多年池龄的“泸州老窖国宝窖池”酿制出2吨珍贵的美酒，包装了1999瓶，并对每瓶酒进行了绝版编号。除4瓶公开拍卖外，其余均不在社会上流通。其中编号为0002、0003的两瓶酒将分别赠送给香港和澳门首任行政长官。其余将作为泸州老窖珍藏品，每逢国家重大节日或庆典活动时才赠送出去。此次活动获得了巨大的社会轰动。

更为精彩的是，其中编号为0001的国窖酒将暂时珍藏在泸州老窖史陈列室，等到台湾统一后，将赠送给台湾首任行政长官。到那时，其意义将更加深远，也必将会引起更大的轰动效应。

古人说：“月晕而风，础润而雨”。人应该从细微的先兆中认清后来的发展形势。能认准形势，就能抓住机遇赚钱。明势不仅要明家国天下的大势，还要明日常生活琐事的小势。

宋朝年间，有一次临安城失火，一位姓裴的商人的店铺也随之起火，但是他没有去救火，而是带上银两，网罗人力出城采购竹木砖瓦、芦苇椽桷等建筑材料。火灾过后，百废待兴，市场上建房材料热销缺货，此时，裴氏商人趁机大发其财，赚的钱数十倍于店铺所值之钱，同时也满足了市场和百姓的需要。敏锐的观察力和准确的判断力是财富永不干涸的源泉，也是成功人必备的能力之一。

4. 善于变通，顺水行舟

为人处世要随从自然变化的规律、随从人生动态的规律和社会发展的规律。这些规律是不能违背的，只要及时顺从就能大通大顺。随，必须要识时务。当情况有所改变时，应知变从权，当随而随。

现实世界是一个变化莫测的社会，如果一个人不能随着形势的变化而变化，势必会落伍，甚而处处碰壁。反之，一个人能够识时务，当随就随，遇事善于灵活变通，择势而为，那么他必能在社会中游刃有余。作为一个精明的人，更要善于变通，勇于择势而为。

事业发展的一个原则是与时俱进，人要能够认清形势，适应形势，及时调整自己的发展战略。随波逐流，善于变通，因为有贬义色彩而被人们抱有成见。其实，顺着情势改变自己的态度和立场是成功人的一贯做法。当然，顺势而为要有非凡的眼力，才能因势应变，游刃有余。

澳瑞特健康产业集团位于山西长治，由做过矿工的郭瑞平在一个破产的小自行车厂基础上组建，时间只有短短10来年，年产值现在已超过上亿元。郭瑞平成大事的秘诀是什么？是顺势而为。

山西长治地区本来是个穷地方，一些人连饭都吃不饱，哪里有心思搞什么健身。在毫无经验的基础上，将创业定位于在本地毫无市场的健身器材，在当地许多人看来等于找死。但是郭瑞平有一个很好用的头脑，他利用了当时国家竞技体育与群众体育两手抓、两手都要硬的政策大势，将创业目标定位于“群众喜欢用群众乐用的健身器材”，避开了与国内众多专业竞技体育器材生产厂的竞争；又利用国家发行体育彩票，其中一部分收入指定用于群众健身器材投资的机会；利用一直以来精心与国家体育总局官员建立并保持的良好关系，首先将一整套“群众性体育健身器材”安装在了国家体育总局龙潭湖家属院，然后又从这个家属院走向了全国。现在你走到北京街头看一看，都是这种刷成黄色、红色、橙色的健身器，一组下来少的也有10来件，上面都标着“澳瑞特”的字样，仅这一单生意，就让郭瑞平赚了个盆满钵满。

顺势而为，其实就是顺水行舟。李白有一句诗说：“朝辞白帝彩云间，千里江陵一日还。”说的就是顺水行舟。后来苏东坡坐船回老家走的和李白是同一条路，却整整花了3个月。这是为何？没有其他原因，李白顺水，苏东坡逆水。干事业的道理也是一样，人一定要跟对形势，要研究政策，明了大势。

比如，在政策方面，国家鼓励发展什么，限制发展什么，对创业之成败有莫大的关系。做对了方向，顺着国家鼓励的层面努力，可能事半功倍；做反了方向，一定会鸡飞蛋打。

人应知权从变、当随则随、灵活应对，要随时间、随环境的变化而灵活应对，当然，“随”也要有原则性、有自己的立场，既要当随则随，又要守住自己的底线，才能“随”出好的结果。

用现在的眼光看，我们不能封闭自己，要开放。特别是搞商品经济，更要看清世界上的潮流变化，及时追随。只有这种开放性，才能使自己不失时机，并因而成大事。

总之，要随从自然变化的规律、随从人生动态的规律和社会发展的规律。这些是不能违背的，只有及时顺从才能赢得人生大通顺。

5. 眼光准，出手快

要想成功地干出一番事业，不能光看眼前利益，要把目光放远些，看到今后的发展趋势，只有事事走在别人前头，才有必胜的把握。每一次社会变革都意味着对人洞察力的检验，高瞻远瞩的人才能先知先觉，从一个成功迈向另一个成功。

中国大多富豪发达于20世纪90年代，正是计划经济向市场经济转轨的时期。他们抓住转轨期隐含的巨大机遇，就变成了今天的“豪杰”。

鲁冠球当年担任公社农机修配厂负责人，他的作坊生产的是犁刀、铁耙、万向节、石蜡铸钢；10年之后，鲁冠球集中力量生产汽车万向节；1983年，他承包了万向节厂；1988年，他以1500万元向宁围镇政府买断万向节厂股权，组建了私营企业；1993年，“万向钱潮”股票在深圳上市；2000年至2001年间，鲁冠球一口气吃下了3家上市公司，在中国证券市场悄然构筑了一个“万向系”；1997年，万向集团成为向通用公司供货的第一家中国内地企业；2001年8月，鲁冠球又收购了一家在美国纳斯达克上市的公司，开创了中国乡镇企业收购海外上市公司的先河。

一个农民出身的人用了20多年时间，成就了自己的大事业，使一个农机修配厂变成大企业集团，其关键性的因素就是：善识时务，顺应历史潮流，准确把握机遇的能力。

许多成功的人正是在洞察时势变化，研究其发展规律基础上，准确地把握目标和发展方向，从而引领潮流并抢先占据有利地位，使自己立于不败之地。

本田摩托不仅在日本国内是龙头老大，在世界上也是首屈一指。这一切，首先归功于它的创业者本田宗一郎。20世纪70年代初，本田摩托在美国市场正畅销走红，本田宗一郎却突然提出了“东南亚经营战略”，倡议开发东南亚市场。此时东南亚因经济刚刚起步，生活水平较低，摩托车还是人们敬而远之的高档消费品，许多人对此不解。本田解释说：“美国经济即将进入新一轮衰退，摩托车市场的低潮即将来临。假如只盯住美国市场，一有风吹草动便损失惨重。而东南亚经济已经开始腾飞，只有未雨绸缪，才能处乱不惊。”一年半后，美国经济果然急转直下，许多企业产品滞销，而在东南亚摩托车开始走俏。本田公司因为已提前一年实行创品牌、提高知名度的经营战略，此时便如鱼得水，公司非但未遭损失，还创出了销售额的最高纪录。

我们生活在一个充满混沌与诡谲的世界里，要想选择正确的道路，就得具有能够穿透层层迷雾的洞察力。历史上每次宏观调控或整体经济环境出现波动时，成功人士往往能做到“春江水暖鸭先知”，因为他们洞察力强，往往能对宏观形势做出准确判断，从而做到顺应时势。

1980年，初中毕业的朱张金开始做贩卖领带、袜子的小买卖。他修过电器、办过针织厂。到了1988年，已有2．5万元积蓄的朱张金借了19.5万元，让村里出面买下了一家制革厂。村里怕以后出问题，坚持“所有亏损与村里无关，所有赢利归朱张金所有”。

朱张金高价买壳经营，很多人并不看好，可是谁又能想到，十几年之后，这家企业不仅没有败落，反而越做越好，成了中国皮革行业中响当当的龙头企业。

从创业时的2．5万元本钱，到2001年朱张金拥有的公司资本金已达25亿元，朱张金靠的不是运气，而是依靠他敏锐的洞察力。朱张金一年中有几个月的时间在国外跑生意，其目的就是看看有多少市场机会。

“出手快，眼光准”，是朱张金最大的本钱，他的卡森公司之所以成功很大程度上是因为每一次产品调整都比人家快。

1995年下半年，朱张金在莫斯科成立了一家公司，当地出现了抢购卡森公司皮衣的风潮，一天可卖几千件。光靠卡森公司自产的皮衣显然远远满足不了顾客需求。于是卡森公司在海宁成立检控中心，由卡森公司统一提供羊皮、款式、辅料，让海宁的60个皮衣加工厂为它定牌加工。那一年在俄罗斯总共销掉了60万件卡森皮衣，卡森公司净赚1800万元。

当海宁老乡纷纷北上与朱张金抢着去俄罗斯卖羊皮衣时，他却转身做起了猪皮生意。1994年，国内皮革业一度走低，许多小企业倒闭，卡森公司却反其道行之，投资1000万元扩大猪皮革生产规模。不少人感到惊奇，朱张金说："小企业倒闭了，市场份额让出来了，卡森正好可以抢占市场。"果然，卡森公司当年赢利750多万元，比上一年增长6倍。

1997年4月，朱张金到香港参加皮革展，他发现：展会上中国、韩国、斯洛文尼亚的企业展出的都是猪皮制品，而美、英、德等发达国家企业展出的都是牛皮制品。从香港回来，朱张金宣布：要把猪皮生产线停了，上牛皮生产线。卡森公司高管层很不理解，朱张金斩钉截铁地说："商机稍纵即逝，如果等每个人都认同的话，太晚了"。

朱张金认准了牛皮市场比猪皮市场大，决意不给自己留退路。有公司把一张100万平方英尺的猪皮单子交给朱张金做，如果接这个单子半个月就可赚100万元，但朱张金没有接。许多人都说朱张金疯了，要知道当时许多企业因接不到订单而头痛呢！

从1997年以来，朱张金的卡森公司先后到美国、澳大利亚、巴西、德国等设立办事处，了解市场信息，公司技术中心则根据国际市场需求，及时开发新产品，1999年开发出普通沙发革，全拉面沙发革，2000年开发出两层革，2001年重点开发高科技、高附加值的沙发革和汽车坐垫革。

如今，卡森公司的牛皮沙发等家具畅销美国，2003年2月，经美国最大的家具经销商的推荐，卡森牛皮革沙发顺利进入白宫。

"现在许多企业看我搞牛皮革赚了钱，开始要跟风了，而我则已经在一年前开始考虑上别的项目了。"对于战胜竞争对手，朱张金十分自信。

朱张金的成功，靠的是他敏锐的洞察力和把握时机的能力，一个人只有拥有"毒辣"的眼力，才能看透时代潮流，才能洞察先机，让自己占据优势，这是识时务的另一种解读。

6. 与其待时不如乘势，乘势而为方能赢

时，机会也；势，力量走向也。一个人要真正能够把握机会，让机会真正成为成功的最佳资源，除了出手迅速，敢想敢干之外，还有更重要的一点，那就是要学会识时务，学会乘势而行。

胡雪岩是中国历史上第一个以商人身份代表政府从外国引进资金的商人。而在他之前，政府还没有向洋人借款的先例，且有明确规定不能由任何人代表政府向洋人贷款。例如，曾是军机首领的恭亲王就曾拟向洋人借银一千万两用于买船，所获批示却是："其请借银一千万两之说，中国亦断无此办法。"这种情况甚至让一向果敢有决断的左宗棠对向外商借款能否获朝廷批准也心存犹豫，是胡雪岩一番关于当时局势以及办大事要懂得乘势而行的剖析使他得以坚定。

胡雪岩说："做事情要如中国一句成语说的，'与其待时，不如乘势'，许多看起来难办的大事，居然顺顺利利地办成了，就因为懂得乘势的缘故。"同样是向洋人借款，那时要办断不会获准，而这时要办却极可能获准。这是时势使然。一则那时向洋人借债买船，受到洋人多方刁难，朝廷大多数不以为然，恭亲王亦开始打退堂鼓，自然绝不会再去借洋债。而此时洋人已经看出朝廷决心镇压太平天国，收复东南富饶之地，自愿借款以助朝廷军务，朝廷自然不大可能断然拒绝。二则当时军务并不十分紧急，向洋人借款买船尚容暂缓，此时军务重于一切，而重中之重又是镇压太平天国；为军务所急向朝廷提出向洋人借款的要求，朝廷也一定会听从。三

则此时领衔上奏的左宗棠本人手握重兵，且因平定太平天国有功而深得朝廷信任，由他向朝廷提出借款之事，其分量自然也不一般了。借助这三个条件形成的大势，向洋人借款不办则罢，一办准成。

不用说，事实确实如此。

这里所说的势，是指那些促成某件事成功的各种外部条件同时具备，即出现了恰逢其时、恰在其地、恰如其分、好的机会集合而成的某种大趋势。具体说来，这种“势”也就是由时、事、人等因素交互作用形成的一种可以助成“毕事功于一役”的合力。这里的“时”即时机。所谓“彼一时，此一时”，同样一件事，彼时去办，也许无论花多大的力气都无法办成，而此时去办，可能“得来全不费工夫”。这里的“事”是指具体将办之事。一定的时机办一定的事情，同样的事情此时该办亦可办，彼时也许不可办亦不该办。可办则一办即成，不可办则绝无办成之望。这里的人即具体办事的人。一件事不同的人办会办出不同的效果，即使能力不相上下的两个人，这个人办得成的某件事，另一个人却不一定能办成。所谓乘势而行，也就是要在恰当的时机由恰当的人去办理该办的事情。

当然，我们更应清楚，在诸多因素中，对时机的选择与把握是至关重要的，它可以说是我们“乘势”的灵魂，这就犹如我们平常发表对某件事情做一个决策的看法一样。在许多事情的处理与运作过程中，特别是在商场的行事中，即使你是一个身位显赫、举足轻重的人物，即使是你的意见很富有科学理性、意见绝对正确、决策十分果断准确，如果你想让你的意见或决策起到更大更有力的作用或影响，你也必须选择恰当的时机，乘“势”而发。否则，说早了没用，说迟了徒然自误；说的场合不佳，效果不大，甚至带来负作用。这就是“势”的作用。

胡雪岩能够成就一生事业，在许多场合、事件中游刃有余，就是因为他善识时务，懂得乘势而为。

在中国这个生产资料公有制的社会主义国家，交通运输、矿山油田、土地等这类产业和物资，都是国家所有的。以交通运输来说，铁路、公路、船舶、飞机，这都在国家手中控制。到改革开放很久以后，这些公共设施类的生产资料才开始向私人管理者开放，多以租赁形式出现。比如租公共汽车的，租火车的，但租飞机和租航线在中国还无首例。1991 年 7 月，一个温州苍南县的农民创造了这个首例。这个农民不足 30 岁，名叫王均瑶，十几岁就开始在码头上闯荡。他在湖南长沙生意厮熟。由于往返温州与长沙交通不便，王均瑶萌发起包租飞机的念头，这实际上是包租了一条航线。从温州至长沙，从长沙至温州，每周两个班次。王均瑶经过慎重市场调查，也与两地民航部门谈妥条件。于是这条温州至长沙的包机航线便告开通，成了中国民航史上个人包租飞机和航线的先例。

王均瑶以他所在的苍南县金城实业公司与湖南省民航局签订的承包经营协议，主要内容是：客源由苍南金城公司负责，每次航班付租金 1．7 万元，盈亏俱由金城公司承担。河南民航局则提供一架安 24 型飞机，每周往返两个航班。温州民航站运输科也与王均瑶签订了地面保证协议书，负责售票、值机、安检以及温州市区至机场的旅客接送诸事务。

1991 年 7 月 28 日，王均瑶包租航班和航空专线成功后，他便进一步扩大他的这个成果。1992 年 4 月 5 日，王均瑶注册了一个公司，取名叫“苍南天龙包机公司”，注册资金 60 万。苍南天龙包机公司开业后，很快又开通了上海—温州—上海，上海—黄岩—上海两条包机航线。此后王均瑶更将包租业务蓬勃发展起来，先后与国内 6 家民航公司开辟了 10 条国内客运包机航线。在这些包机航线中，要数温州至昆明的航线最长，全线 1818 公里，运行的是波音 737 大型客机。从温州直飞昆明只需 2 小时 40 分钟。至此，王均瑶的苍南天龙包机公司已形成了温州至全国的航空交通网。到 1992 年 7 月，王均瑶将原先的“苍南天龙包机公司”更名为“温州天龙包机公司”，注册资金也由原先的 60 万人民币增至 200 万人民币。

王均瑶从一个卖荒货的农村小伙子，跨进了体面的大老板行列。王均瑶的事业成功，在于他能看出专有航线的商业价值，也能看透国营民航经营不善的根本原因。王均瑶参透这二者并乘改革开放之“势”，才敢干善干，最终能够获得商业赢利。

7. 抬头看路，抓住先机

一次机会可以改变一个人的命运。作为一个人，在任何时期都要有把握时机的能力，尤其在干事业初期，这种能力决定了人的发展。

刘永好为每一个即将到来的机会仔细地做好准备，所以当别人纷纷下马时，他成功了。正如他所说的："机会是给有准备的人。"

1992 年，刘永好有意识地提出了一个口号："要抬头看路。"

刘永好的善识时务有三层含义，一是不断学习，二是把握大的方向，三是了解市场的潮流。

在经济界，尤其是国内的企业界，一种政策的确定，往往会打开一个全新的发展空间，此时更需要时刻"抬头看路"。这是刘永好对识时务的一个总结。

对于时机的把握，刘永好说："我们抓住了中国经济体制由计划向市场转型的先机，早走了几步，赢得了竞争优势。如果没有改革开政，就没有今天的'新希望'事业，这是我发自内心的话。有些经商者是靠胆量与拼搏，其中也有少部分人靠聪明才智抓住双轨制下的机会获得发展。随着社会的发展，现在单靠胆量和勇气，甚至是利用双轨制下的政策机会的可能性越来越少，这是历史的必然。做生意应该脚踏实地，艰苦创业的传统不能丢。另一方面，要顺时代潮流而动，去探索，寻找新的发展机会，不断创新，还要用现代科技武装自己，像掌握最新的生物科技，跟上时代发展的潮流，企业发展才有后劲，才不落伍，才有发展前景。

“显然我们也意识到这个问题。现在饲料业我管得相对少一些，但有时间了光用来打高尔夫球还不行，因为社会已经进入高科技时代，加入WTO后，新机会需要去把握，新的经验需要去探索。这几年我们做的多的是在金融领域里投资发展，先是成为民生银行的主要股东，抓住这个机会，民生银行的上市又给我们带来收益和回报，我们相信在民生银行的投资是正确的，回报很好。民生保险我们也是主要股东之一。另外，我们会在金融方面加强研究的力度，为此我们在北京成立了一个团队研究金融业的发展趋势，研究世界经济一体化后产业资本和金融资本更好地结合，研究在一个相对垄断的领域里，在逐步开放的过程中把握新机会，求得快速的发展，把握产业资本和金融资本的结合，抵抗可能的风险，把握金融行业逐渐开放的过程中中国的民族金融资本如何与国际趋势有机地结合，存在的发展机会与潜力。我觉得我们做研究有所准备，就有可能迎接新的挑战，不至于落后。这几年我们在这方面加大了研究和投资，同时我们也加大了资本运作的力度。组建的新希望农业上市公司，经过两年多的努力，取得了较好的成效。我们也积极参股一些上市公司，把金融和投资做成产业投资的板块。我觉得这是一种积极的心态，也是一种产业的创新，我们一家传统的饲料企业，怎么在金融领域做些投资发展，这是一个新的机会。”

面对中国“入世”，刘永好把它又当做了事业的一个机会，而为此，他早已准备和盘算了多年。他说：“我们五年以前就开始为WTO做准备了，当时认为我们的准备晚了，以为很快就会加入，结果一等就等了五年，这五年，我们研究中国加入WTO前后会带来的一些变化和一些机会，怎么样去迎接这样的一些挑战和把握这样的机会，我觉得非常重要。

“我们为此成立了一个战略研究中心，这五年来，我们对很多问题进行了研究，首先研究我们的主业，农产业，我们认为，中国加入WTO以后，种植业会受一定的影响，因为中国人均土地少，成本高。另一方面，我们的养殖业会有大的发展，因为养殖业是劳动密集型产业，而加入WTO以后，原料、粮食的价格会下跌，对养殖业会有利。另外我们养殖业的出口一直受到一定的限制，加入 WTO 以后，养殖业的限制会弱化，这就是说，我们出口的可能性会增加，也就是说，我们畜牧业有较大的发展，这对我们的饲料业和肉食品加工业是非常大的利好，这是我们研究的成果。所以我们继续不断地加大这五年来在饲料业、食品业方面的投资，包括我们在成都一个美好火腿肠，连续上了好几条生产线，成为西南最大的一家肉食品加工基地。我们认为加入 WTO 以后，住房会有很好的市场，我们在五年以前就开始在房地产方面进行投资，我们现在已经在上海，在大连，在成都，在其他的城市投资，今年我们开发量超过了 60 万平方米，明年可能会有上百万平方米，这也是我们研究的成果。

"我们积极参与国外的贸易，进出口的贸易每年大约一亿美金或者多一点，我们成为最早有进出口权的私营企业，并且在跟美国芝加哥期货市场以及世界上大的粮商建立的贸易活动中，我们奠定了基础，为加入 WTO 以后的粮食进出口的放开做好了准备，国外包括美国的这些大的粮商也非常愿意跟我们合作。总之，在国际化这方面，我们加大了步伐，我们现在已经在海外建了 5 个工厂，引进了海外的资金；运用世界银行国际金融公司的资金，我们在西部联合组建一些化工厂等。我觉得我们的研究是有成果的，机会是给有准备的人，我们已经准备五年了。"

机会只给有准备的人，这是一条真理。许多人抱怨机会不来敲门，可他们哪知道，机会来过，而且等了很久，可他们却正在屋子里面做着发财的美梦。

精明的刘永好积极地走了出来，不仅站在门口等待机会，他还主动去寻找机会。种果树行不行，卖菜行不行……最后他决定了养鹌鹑，他的机会来了，他成了大气候。

第三章　你好我好大家好，要给自己留退路

做人难，难做人。很多时候，不仅要给别人留有余地，还要给自己铺个台阶。如果不具备一点“心机”，做人就会陷入死胡同，既没有退路，也没有出路，只能堵在死路上，哀叹绝路。

1. 己所不欲，勿施于人

自己不想做的事，没必要强加给别人去做，凡事要留有余地，给自己留条退路，就是给自己设计好出路。

有一天，孔子的学生子贡问老师：“有没有一个字可以作为终生奉行不渝的法则呢？”孔子回答：“其恕乎！己所不欲，勿施于人。”这里的“恕”是凡事替别人着想的意思。其意是，自己不喜欢做的事，不要加在别人身上。

这句话可视做待人处事的基本修养，如能做到这一点，在交往中，你会给自己和他人都留下进退的余地，这样就可以建立良好的人际关系。

战国时魏国与楚国交界，两国在边境上各设界亭，亭卒们也都在各自的地界里种了西瓜。魏亭的亭卒勤劳，锄草浇水，瓜秧长势极好，而楚亭的亭卒懒惰，不事瓜事，瓜秧又瘦又弱，与对面瓜田的长势简直不能相比。楚亭的人觉得失了面子，有一天乘夜无月色，偷跑过去把魏亭的瓜秧全给扯断了。

魏亭的人第二天发现后，气愤难平，报告给边县的县令宋就，说我们也过去把他们的瓜秧扯断好了！宋就说：“这样做显然是很卑鄙的！可是我们明明不愿他们扯断我们的瓜秧，那么为什么再反过去扯断人家的瓜秧？别人不对，我们再跟着学，那就太狭隘了。你们听我的话，从今天起，每天晚上去给他们的瓜秧浇水，让他们的瓜秧长得好，你们这样做的时候，一定不可以让他们知道。”魏亭的人听了宋就的话后觉得有道理，于是就照办了。楚亭的人发现自己的瓜秧长势一天好似一天，仔细观察，发现每天早上地都被人浇过了，而且是魏亭的人在黑夜里悄悄为他们浇的。楚国的边县县令听到亭卒们的报告，感到十分惭愧又十分敬佩，于是把这件事报告了楚王。楚王听说后，也感于魏国人修睦边邻的诚心，特备重礼送魏王，既以示自责，亦以示酬谢，结果这一对敌国成了友好的邻邦。

宋就在智慧谋略方面的“心机”，显然高于那些亭卒，正是因为他懂得“己所不欲，勿施于人”的道理。

宽恕别人就是宽恕自己。这样可以造成一种重大局、尚信义、不计前嫌、不报私仇的氛围，以及成就双方宽广而又仁爱的胸怀。降至日常生活的处理，又何尝不是这样？尤其是对初涉世事的青年来说，由于一切茫然无知，总是时时处处小心翼翼，左顾右盼地想找出人事上的参照物来规范自己，约束自己，这种反应当然是正常的。但殊不知有时以此处世，反而会导致初衷与结果的南辕北辙。因为在每个人的眼中，位置是各不相同的，并没有统一的标准可以提供给你。

所以，不妨就按照“己所不欲，勿施于人”的原则，反求诸己，推己及人，则往往会有皆大欢喜的结果。反求诸己，则易入情，由情入理，自然会生羞恶之心而知义，辞让之心而知礼，是非之心而知耻。自私自利之人，往往不懂得推己及人的道理，往往毫无顾忌地损害他人的利益，把苦转嫁到旁人身上。以这种方式处世，走到哪里，被人骂到哪里，真正是既损人又损己。

给别人留退路是一种人情味。做人要有人情味，真正的强者，都是最善顺人情人意的人。人们喜欢把成熟的人比做一块鹅卵石，它是由生活的潮水长年累月地冲刷，把种种的棱角都磨得光滑了而生成的。

这样的石头，总是容易顺势找到一个比较稳妥的位置。不过，成熟的人似乎更像一颗雨花石，好丑高下不论，都是有自己特色的，每一块都有着不同的花纹与色彩。不过，若把雨花石干置在那里，那它们就只是暗淡无光，甚至是麻麻点点的一大堆普通石子。只有把雨花石浸入放了清水的白瓷盘里，它才会陡然晶莹，荡漾出奇妙的图案、斑斓的色彩、精美的花纹。这清水和瓷盆，就是一种人生不可缺少的凭借——人生修养和做人的“心机”。

2. 自持自制

为所欲为，既堵了自己的退路，又不给别人留余地，只有自持自制者才能按规则办事，做到守矩、慎独不吃亏。

也许你会认为自持和自制太限制自我发挥，是一种自设牢笼，自我封闭的方式。但是，今天，人们有了越来越大、越多的自由，有了更多的机会和表现自己的空间，也正是在这种情况下，自持和自制作为一种“心机”显得更加重要。

如果我们要明确规定什么是自持和自制，那么，这就是自己给自己立法，并以这种自己为自己颁布的法来自觉地约束自己，提高自己的自持与自制力，这便是这一原则的内涵。古代人之所以要讲究什么“慎独”，实际上是说在那时侯人们往往都是被一些客观的因素和伦理法则约束，而不能在独自一人、无他人在场监督时也自觉地遵守严格的律条。“慎独”要求不仅在公共场合，而且在独处时也能够服从某种伦理观念和法律规范。而现代社会所要求的自持和自制，则是一种对自我立法的服从，是一种自己对自己的规定。对这种自我立法的服从程度，反映了一个人自制力的大小。

不难发现，大凡“守矩”，无非都是出于某一种规则或律令。由于这种规则或律令的要求，我们才决定止步不前，或接受某种自己不愿接受的事实。作为这些规则和律令来说，一般可分为两类：一类便是外在的；一类则是内在的。前者是别人为自己订立的，后者是自己为自己订立的。古人们之所以要强调“守矩”，多半是出于对外在规则和律令的服从和惧怕。在现代社会中，真正的“守矩”则不是那样，它是一种自我立法、自我约束之下的“克制自己”，是真正地由衷地出于一种自我本身的需要，它不像传统社会那样，“守矩”是一种自我牺牲、是殉道或是一种所谓的忠诚。它是一种自我实现的方式，是对自己有利的。例如，美国著名的科学家、政治家和作家富兰克林在青年时代就为自己订立了十几条规则，其中包括节制，即食不过饱，饮酒不醉，沉默寡言，俭朴等。显然，我们有了这样一种自我立法，一种对自己的约束，并且能够始终如一地去遵守，就能达到现代社会的需求。

3. 吃小亏是为了占大便宜

暂时的让步不是吃亏，而是为了更好地进步，为下一个目标做准备，这就是做人的道理，赢在结果，不强调于过程。

公元616年，李渊被诏封为太原留守，北边的突厥用数万兵马多次冲击太原城池。李渊遣部将王康达率千余人出战，几乎全军覆灭。后来巧使疑兵之计，才勉强吓跑了突厥兵。更可恶的是，在突厥的支持和庇护下，郭子和等纷纷起兵闹事，李渊防不胜防，随时都有被隋炀帝借口失职而杀头的危险。

在当时的人们看来，李渊是内外交困，必然会奋起反击，与突厥决一死战。不料李渊竟派遣谋士刘文静为特使，向突厥屈节称臣，并愿把金银珠宝统统送给始毕可汗！

李渊为什么这么做呢？原来李渊根据天下大势，已决定起兵反隋。要起兵成大气候，太原虽是一个军事重镇，但不是理想的发家基地，必须西入关中，方能号令天下。西入关中，太原又是李唐大军万万不可丢失的根据地。那么用什么办法才能保住太原，顺利西进呢？

当时李渊手下兵将不过三四万，既要屯驻太原，应付突厥的随时出没，同时又要追剿有突厥撑腰的四周盗寇，已是捉襟见肘。而现在要进伐关中，显然不能留下重兵把守。唯一的办法是采取和亲政策，让突厥“坐受宝货”。所以李渊不惜俯首称臣。

李渊的退步策略获得了大丰收。始毕可汗果然与李渊修好。后来，李渊派李世民出马，没费多大力气便收复了太原。

由于李渊甘于让步，还得到了突厥的不少资助。始毕可汗一路上送给李渊不少马匹及士兵，李渊又乘机购来许多马匹，这不仅为李渊拥有一支战斗力极强的骑兵奠定了基础，而且因为汉人素惧突厥兵英勇善战，李渊军中有突厥骑兵，自然凭空增加了声势。

李渊让步的行为，不管是从名誉上还是物质上虽然有很大牺牲，但在当时的情况下，不失为一种明智的策略，它使弱小的李家军既平安地保住后方根据地，又能顺利地西行打进了关中。如果再把眼光放远一点看，突厥在后来又不得不向唐王朝求和称臣，突厥可汗还在李渊的使唤下顺从地翩翩起舞哩！这当初的让步所失可谓是九牛一毛了。

由此看来，明谋善略者暂时的让步，往往是赢取对手的资助，最后不断走向强盛，伸展势力再反过来使对手屈服的一条有用的妙计。

4. 必要时牺牲一点名誉，切忌功高盖主

在与人打交道时，尤其是与职位比你高的人交往时要记住，不要让你的锋芒抢了他们的风头。这是做人应有的“心机”，要不然你会得罪自己的上司，堵了自己的后路。

对于许多聪明人来说，人生的最大缺陷不在外部，而在自己。一旦做出一番事业，就难免要居功自傲，而这样做的下场往往比无所作为的人还惨。所以，一个有“心机”的人，应该知道居功之害。因此古人很注意，不论任何好事，都要守住自己的本分，知退让之机，绝对不可以功高盖主，否则轻则招致他人怨恨，重则惹来杀身之祸。自古以来，只有那些与人分享荣誉者甚至把荣誉让给别人的人，才会有一个好的结局。事实证明，只有像张良那样功成身退，善于明哲保身的人才能防患于未然。同样对那些可能玷污行为和名誉的事，不应该全部推诿给别人，要主动承担一些过错，引咎自责，具备这样涵养德行的人才算是完善而清高的人。

汉代晁错自认为其才智超过文帝，更是远远在朝廷诸大臣之上，暗示自己是五伯时期的佐命大臣，想让文帝把处理国家大事的权力全部委托给自己。这正是功高震主的表现。唐宣宗初即位，看到功高权重的李德裕，心里忌惮，很不平衡，以至头发被汗水浸透了，这与汉大将军霍光为汉宣帝护卫车乘，而宣帝严惮心畏，像有芒刺在背有什么区别？功劳高了，人主震慑，这样的功臣当然会有自我矜傲的表现。

汉朝韩信可谓功高盖世，但因为其声名显赫位高震主，最终也下场可

悲。秦末韩信从项梁、项羽起义，为郎中。其献策屡不被采用，投奔刘邦，被萧何荐为大将。楚汉战争时期明修栈道，暗度陈仓，出奇兵占领关中。后来，刘邦与项羽相持于荥阳、成皋间，他被委为左丞相，领兵破魏、代，平定赵、齐，被封为齐王。后与刘邦会于垓下，击灭项羽。汉朝建立，改封楚王。因受人诬告谋反，降为淮阴侯。陈豨叛乱时，有人告韩信与其同谋，欲起兵长安，被吕后诱杀于未央宫。

避免功高震主就要知进退之势。要知进退以下几条必须牢记在心。

一要守法。从历史上看，循吏最易保全。《史记·循吏列传》中，司马迁所说的循吏，就是遵循法规，忠实执行命令，能知时务识大体的臣子。

后世人以为只有慈爱仁惠，和善愉快，以仁义为准则的官吏，才称得上“循吏”，那就大错特错了，首先应该是遵守法令，严格地约束自己，这才是循吏的作为。

二不参与。即不把自己的私利参与在自己所执掌的权力中去加以实现。《论语》中有“巍巍乎，舜禹之有天下也，而不与焉。”即舜和禹真是很崇高啊，贵为天子，富有四海，但一点也不为自己。把自己的私利参与在政事之中是很不廉洁的举动，似乎可得一时之利，但最终为人们所厌恶，他的功劳再多，苦劳再大也终会被抵消。

三不长久。古人说：“日慎一日，而恐其不终。”身居高位时应一天比一天更谨慎，如同行走在危险的高崖之上，即使自己注意了，能得到善终的人也太少了。所以，位置越高，权力越大，怀疑猜忌的人越多，不可不防，不可不早做撤退的打算。

四不胜任。古人说：“懔乎若朽索之驭六马，栗栗危惧，若将殒于深渊。”即身居高位所面临的危险惊心动魄得就像以腐朽的缰驾驭着六匹烈马，万分危惧，所以千万不要居功自傲，要时时谦让，功成身退，可得善始善终。

五不重兵。在古代，功高的臣子如果能够主动交出兵权，那么对君主的威胁就减少了，所以“不重兵”，就是自我裁军，以求自保的意思。

六多请教。古人说，三人行必有我师。作为你的上司，他必然有其独到之处，所以在做事之前一定要主动向你的上司请教，探听他的意见，这样在办事时就有所凭借。

这一套不仅适用于封建官场，也适用于与我们息息相关的工作当中，尤其是在与领导的交涉冲突中，懂得进退的“心机”，才会求得发展。

5. 承认自己是错的，可以使你有求必得

承认自己是错的，就等于承认对方是对的。你退了一步，让对方大大前进了一步，你没有损失什么，却带来了极大的利益，这种“心机”还不值得一学吗？

人们可以接受外貌、身高、收入、地位上的差距，却很少能接受智力上的差距。当西奥多·罗斯福入主白宫的时候，他承认：如果他的决策能有75%的正确率，那么，就达到他预期的最高标准了。像罗斯福这样的杰出人物，最高的希望也只是如此，那么，你我呢？

如果你有55%得胜的把握，那你可以到华尔街证券市场一天赚个100万美元，买下一艘游艇，尽情地游乐一番。如果没有这个把握，你又凭什么说别人错了？

每个人都执著地相信自己的能力和判断力，如果你明显地对别人说：你错了，他会同意你吗？绝对不会！因为这样直接打击了他的智慧、判断力和自尊心。这只会使他反击，绝不会使他改变主意。即使你搬出所有柏拉图或康德式的逻辑，也改变不了他的意见，因为你伤害了他的感情。

有“心机”的人绝对不会这样说：“好！我要如此证明给你看！这话大错特错！”这等于是说：“我比你更聪明。我要告诉你一些道理，使你改变看法。”无疑断了自己的后路。

那是一种刺激人的挑战。那样会引起争端，使对方远在你开始之前，就准备迎战了。

即使在最融洽的情况下，要改变别人的主意都不容易，如果你要证明

什么，就要讲究方法，要使别人对你的证明感兴趣，使对方在无意中接受你的证明。也就是说，必须用若无实有的方式教导别人，提醒他不知道的好像是他忘记的。

正如英国19世纪政治家查士德·斐尔爵士对他的儿子所说的：

要比别人聪明——如果可能的话，就不要告诉人家你比他聪明。

如果有人说了一句你认为错误的话——即使你知道是错的，你一定这么说更好："噢，这样的！我倒有另一种想法，但也许不对。我常常会弄错。如果我弄错了，我很愿意被纠正过来。我们来看看问题的所在吧。"

用"我也许不对"、"我常常会弄错"、"我们来看看问题的所在"这一类句子，确实会收到神奇的效果。

遗憾的是，很少有人这样说。但只有这样，才是积极有效的方法。有一次记者访问著名的探险家和科学家史蒂文森。他在北极圈内生活了11年之久，其中6年除了食兽肉和清水之外别无他物。他告诉记者他做过的一次实验，于是，记者就问他打算从该实验中证明什么。他说："科学家永远不会打算证明什么，他只打算发掘事实。"

也许科学一点的思考方式会改变这些事实。

你承认自己也许会弄错，就绝不会惹上烦恼。因为那样的话，不但会避免所有争执，而且还可以使对方跟你一样宽容大度；并且，还会使他承认他也可能弄错。

所以，不管遇到什么事，都不要跟你的顾客、丈夫或反对者争辩，别老是指责他错了，也不要刺激他，而要有一点"心机"，采取必要的让步，讲究一点方法才能改变他人的意见。

在耶稣出生的2000年前，埃及阿克图国王，曾给予他儿子一个精明的忠告，这项忠告在我们今天仍极为重要。4000年前的一天下午，阿克图国王在酒宴中说：

"谦虚一点，它可以使你有求必得。"

6. 打人不打脸，揭人不揭短

每个人都有过失，即使是伟人也不例外，所以在与人交往的时候，谈话一定要有“心机”，最好做到“打人不打脸，揭人不揭短。”

俗话说：“打人不打脸，揭人不揭短。”在《呻吟语》中说：“责人要含蓄。”意即在指责他人过失时，最好不要一次把心中想要说的话完全表达出来。这是从政治生涯中总结出来的名训。《菜根谭》中也有“攻人之恶，毋太严”的教训。

此外，《呻吟语》还具体地指出：“指责他人之过，需要稍作保留。不要直接地攻击，最好采用委婉暗示的譬喻，使对方自然地领悟，切忌露骨直言。”他接着说：“即使是父子关系，有时挨了父亲的骂，也会无法忍受而顶嘴，更何况是别人呢?”父子有血缘关系，无论如何不能割舍，但朋友就不是这样了，过激的言辞很可能会断送友谊。不揭短，不打脸就是给别人，给自己都留下了退路。

《韩非子》中说：“夫龙之为虫也，柔可狎而骑，然其喉下有逆鳞径尺，若人有婴之者，则必杀人。人主亦有逆鳞，说者能无婴人主之鳞则几矣!”

龙在温驯的时候，人可以骑在它的背上，如果你摸它咽喉下直径一尺左右逆生的鳞，它必定会吃掉你。如人与人之间的交往，对方的短处就是逆鳞，如果你抓住这个加以苛责，必然会令对方感到无地自容，那么你就应当小心了，因为对方总有一天会报这一箭之仇的。因此，即使应该指责对方时，也要为其留一点退路。

与人争辩时也一样，以严密的辩论将对方驳倒固然令人高兴，但也未必非将对方批驳得体无完肤才行。因为只要略想就可知道，这样做其实是很愚蠢的，不但对自己毫无好处，甚至有时还会适得其反，得不到对方的认可，而且终究有一天会自食恶果，受到对方的攻击。当我们和他人发生摩擦时，首先要了解他的想法，然后在顾及对方颜面的前提下，陈述自己的意见，给对方留有余地。这一点在处理人际关系时必须记住。

在人际交往中，要想应付自如，在这方面就得留心。所谓“君子之交绝不出恶声”。即在这个世界上，与人亲密地交往时，需诚意待人，纵使交恶断绝往来，也不可口出恶言，说对方的不是。一个有“心机”的人，无论持何种理由，即使中断来往，也不会口出恶言、诽谤对方。

7. 该退则退，该让则让

走为上是用兵的常用策略，说白了就是退却和逃跑。当一方具有压倒的优势，而另一方没有把握胜利的时候，唯三条道可行，即投降、和谈、退却。投降是彻底的失败，和谈是失败了一半，而退却并非失败，相反还可能是转为胜利的关键。

《三十六计》最后一计是“走为上”，原计曰：“全师避敌，左次无咎，未失常也。”今译为，全军退却，避开敌人，以退为进，待机破敌，这不违背正常的用兵法则。

走，表面看来是退却，实际是最高的战法，它具有切实的实用性，令人有“与其卖弄小聪明，倒不如退为佳”的感觉。

走的计策，在做人做事上，则有“随退随进”一说。随退随进，不是懦弱的象征，而是有“心机”的表现。苏东坡《与程秀才书》中讲道：“我将自己整个人都交付给了老天爷，听其运转，顺流而行，遇到低洼就停止，这样不管是行，还是止，都没有什么不好的了。”苏东坡主张，人应当顺天意，进退不强求。这就像大自然有阴晴，月亮有圆缺，季节有冬夏，天气有冷暖。万事如意只是人们的美好愿望，人生难得一帆风顺。

庄子曾讲，穷通皆乐；苏轼则言，进退自如。无论是庄子的穷通，还是苏轼的进退，同指一种做事的策略。穷通是指人实际的境况遭遇，进退是指人主观的态度和行动。庄子认为，凡事顺应自然，不去强求，才能过着自由安乐的生活。苏轼认为，人只有安于时代的潮流，因任自然法则，才能进退自如，穷通皆乐。如此看来，进退即是做人的大道理、大智慧。

我们常说：“做人不要做绝，说话不要说尽。”廉颇曾顽固不化，蔑视蔺相如，到最后，袒肉负荆，登门向蔺相如谢罪。郑庄公说话太尽，无奈何掘地及泉，遂而见母。故俗言道：“凡事留一线，日后好见面。”凡事都能留有余地，方可避免走向极端。特别在权衡进退得失的时候，务必注意适可而止，尽量做到见好便收。

春光虽好，但总有尽时。人生也是如此，每个人都有高潮和低潮。人无千日好，花无百日红。就像搓牌一样，一个人不能总是得手，一副好牌之后往往就是坏牌的开始。所以，见好就收便是最大的赢家。做人的真谛就在于此，与人相交，不论是同性知己还是异性朋友，都要有适可而止的心情。君子之交淡如水，既可避免势尽人疏、利尽人散的结局，同时友谊也只有在平淡中方能见出真情。越是形影不离的朋友越容易反目为仇。因此，古人告诫说：“受恩深处宜先退，得意浓时便可休。”即使是恩爱夫妻，天长日久的耳鬓厮磨，也会有爱老情衰的一天。北宋词人秦少游所谓“两情若是长久时，又岂在朝朝暮暮”，这不止是劳燕两地的分居夫妻之心理安慰，更应为做人交友的处世之道。

8. 防人之心不可无

之所以强调保持进退的“心机”，就是人与人之间是有距离的，而且是一种天然的距离。如果说这种距离遭到破坏，人必然会受到伤害。

据报载，一位待业女青年去南方某地走亲，与一位很有气质的中年男士坐在一起。那男子十分热情和蔼，言称自己是广东某中外合资企业的中方经理，到内地招工，并拿出名片给她看。姑娘眼下正为待业而焦急，当即表示愿前往报考。中年男子允诺荐举她当秘书。听罢此言，姑娘感激不尽，遂跟他下车，住进一家旅店。就在这天夜里，姑娘身上所带的钱物被洗劫一空。原来这位自称经理的人是个流氓诈骗犯。

行骗者是“心理专家”，可以说很会“做人”，他们十分注意研究人们的心理，并善于利用其心理弱点，如爱慕虚荣、急功近利、贪图享乐等，采取投其所好的伎俩把自己伪装成事业的强者、职位上的优者、经济上的阔者，以唬人的名片、风雅的谈吐、诱人的许诺，借以构成心理上的“障眼法”，巧妙地解除人们的心理防卫体系，为行骗成功扫清道路。因此，我们说，麻痹轻信是骗子们成功行骗的心理助手和帮凶。

俗话说：“害人之心不可有，防人之心不可无”。在社会上还存在着不法之徒的情况下，“防人之心”是少不得的，与陌生人交往的时候，要退后一步。特别是涉世不深的青少年更应保持警觉，完善自己的积极心理防卫机制。

如何与陌生人保持距离，具体说来起码应注意以下几点。

（1）不要以外表来判断人

在同陌生人打交道时，人们很自然比较重视外表，对风度潇洒、仪表堂堂的人易于产生好感。骗子们就善于利用人们这种图慕虚荣、追求美貌的心理而精心用华美庄重的服饰包装自己，借以蒙蔽他人，诱使你上当。因此，在同陌生人打交道时，要提高警惕，绝不要被其外表所蒙骗。

（2）不要被莫名的殷勤打动

殷勤的言行易使人感动，因为人心都是肉长的。骗子们自然也懂得这一点。他们善献殷勤、套近乎，以图骗取信任和好感，使你把他们当成自己人，最终落入圈套。特别是当人们处于困境或苦闷孤独时，最希望得到同情、关怀和帮助，此时也正是骗子们得手之时。所以，在此时尤其要提高警觉，在殷勤面前不妨多长一个心眼，对献殷勤者保持一定距离。

（3）不要为轻率的许诺所诱惑

人们还容易对他人的承诺表示感激，产生信赖感。这时，也是防卫心理失效的当口。本文开头记述的那位姑娘就是如此。因此，对于自己并不了解的人的承诺，要有所警惕。一般情况下，萍水相逢之人张口就承诺往往是靠不住的，承诺谁都会做，轻信就会上当。

当然，加强积极防卫心理并不是要人们把自己封闭起来拒绝与人交往，也不能风声鹤唳，草木皆兵，闹到"谈虎色变"、谨小慎微的地步。只要我们在与陌生人打交道时，头脑中装上防骗这根弦，做到热情而不失控，真诚而不轻信，那么形形色色的骗局在你面前都将无法得逞。

9. 化敌为友

遇事穷追不舍，于人于己都没有好处，聪明人——有“心机”的人都会适当地考虑别人的想法，留下回旋的余地。

现实生活中，许多人说话做事总是不给人留下余地，搞得对方很尴尬。其实想想如果你自己处在这种状况会怎样。很显然，人一旦处于这种窘境，则不仅仅是气别人，也气自己，气自己无能、无力，甚至会怀疑自己生存的价值和意义，从而萌生很强烈的人生挫折感和失落感。那么，有过这种体验和经历的人就应当设身处地地为对方想一想，一旦自己通过努力证明自己比对方强，完全有能力收拾对方，那么就应当适可而止，别再以牙还牙，以毒报毒，把对方完全置于屈辱的地位，不然只会使对方蒙受如自己当初一样的打击与屈辱，从而为自己制造一个仇敌。

①冤家宜解不宜结，问题解决了就要给对方一个台阶下，否则对方记了你的仇，将来还会给你气受。

在人际交往中，特别是求人的时候，如果受了气，要放开眼界，把立足点放在解决问题的对策上而不是斗气上。

和人家斗气，一来未必能够斗得过，二来浪费了时间和精力，对于解决问题没有什么补益，因此换一种视角，换一套思路，另辟途径解决问题是最重要的。一旦问题解决了，你受气的根源也自然消失了，这时候你还不解气，还让那些本来已经很尴尬的部门工作人员下不来台，那就太没有“心机”了。你应当想到，这一次人家阻挠了你，给你气受，也许下次你还要求人家，要是人家记了仇，你就还会有更大的气要受。相反，如果你能够适当地给他一个台阶下，他感怀你的宽容大量，下一次办事时也许就能给你帮上大忙。

②在人际交往中注意不把事情做绝，甚至可以化敌为友。

每个人受了气后都会产生一种报复心理。于是奋发向上，寻找时机报复。这是十分不可取的，因为说不定你哪天还会有更大的气受。相反，如果一个人在有了实力，或是抓住了对方的把柄，完全有能力收拾对方时，能够恰当的利用这种优势，以一种大度宽容的方式来对待对方，获得他的信任与感激，再进一步通过其他方式来增进彼此的感情，那么就不但排除了树敌的可能性，而且多了一个可信赖的朋友。朋友多了，社会性实力就会强大，同时能够弥补个人能力的种种不足，那就更不容易受气了。对于矛盾的双方而言，这样结局无疑是最为理想的。

第四章　说话更需要动用“心机”

做人要有“心机”，很多时候体现在语言上。有些人话说得太绝，信誓旦旦，处处许诺，结果能做到的很少，泡汤的很多，最终累得自己半死，还遭人讨厌，真是出力不讨好，费心还伤神。

1. 当心口不择言

做人是否有“心机”，还表现在说话上。有“心机”的人不会口不择言胡乱说话。但说话也不是件容易的事，要长久的实践才能练出良好的说话工夫。

“你会说话吗?”这样问你，你一定觉得可笑，只要是正常人，说话谁不会？实际上，问题并没有那么简单。谁都会说话，但有人说话总是没有“心机”，口不择言，像机关枪扫人，一阵狂扫，只顾自己快活，不顾别人死活。

我们还是先看几个笑话。

一个剃头师傅家被盗劫。第二天，剃头师傅到主顾家剃头，愁容满面。主顾问他为何发愁，师傅答道：“昨夜强盗将我一年积蓄劫去，仔细想来，只当替强盗剃了一年的头。”主人怒而逐之，另换一个剃头师傅。这师傅问：“先前有一个师傅服侍您，为何另换人?”主人就把前面发生的事细说了一遍。这师傅听了，点头道：“像这样不会说话的剃头人，真是砸自己的饭碗。”

在寿宴上，客人同说“寿”字酒令。一人说“寿高彭祖”，一人说“寿比南山”，一人说“受福如受罪”。众客道：“这话不但不吉利，且‘受’字也不是‘寿’字，该罚酒三杯，另说好的。”这人喝了酒，又说道：“寿夭莫非命。”众人生气地说：“生日寿诞，岂可说此不吉利话。”这人自悔道：“该死了，该死了。”

有一人请客，四位客人有三位先到。这人等得焦急，自言自语道：

"咳，该来的还没来。"一客人听了，心中不快："这么说，我就是不该来的来了？"告辞走了。主人着急，说："不该走的又走了。"另一客人也不高兴了："难道我就是那该走又赖着不走的？"一生气，站起身也走了。主人苦笑着对剩下的一位客人说："他们误会了，其实我不是说他们……"最后一位客人想："不说他们就是说我了。"主人的话未完，最后一位客人也走了。

由此看来，如果我们说话时不加检点，就可能伤人败兴，引起误解，惹怨招忧。我们要注意说话的场合、对象、气氛，不要口不择言，想说就说。像有些人去菜市场，问卖肉的："师傅，你的肉多少钱一斤？"或饭馆服务员上一盘香肠，说："先生，这是你的肠子。"这类生活中的笑话，我们要注意避免。

明人吕坤认为，说话是人生第一难事。像上面所说的情况，还不是太难的。只要注意语言修养，慢慢就会改掉说话的纰漏。说话难，最要命的就是说真话、说实话太难。

中央电视台开办了一个《实话实说》的节目，主持人崔永元谈到了办节目遇到的一些事。他说，现在世道变了，"文字狱"时代已成往事，说真话已不会闯下大祸，但"说实话免遭迫害，可不一定能免遭伤害"。《实话实说》栏目请过几百位座上客来侃侃而谈，结果呢？一位座上客因此评不上职称，原因是"喜欢抛头露面不钻研业务"。另一位是研究所副所长人选，因做节目耽误了前程，理由是"节目中的观点证明此人世界观有问题"。一报社记者参加的节目一经播出，立刻感到人言可畏，人们说他出风头，什么都敢说，恶心。另一位电台记者回去后被领导审查，认为他一定是拿了许多钱才会那么说。还有一位老年女性在节目中真诚表露了自己的人生感受，结果好多人打听她是不是神经病……

崔永元苦恼地说："所以连我们自己有时都怀疑，节目到底能做多久？"他也体会到了"人生唯有说话是第一难事"。

生活中见人说人话，见鬼说鬼话的人实在太多了。明明是这么回事，有人偏偏说成是那么回事。刚才还这样讲，一转脸又那样讲了。这样随风转舵，看人下菜，言不由衷，自欺欺人，活得多累，多没意思。俄国作家契诃夫笔下的“变色龙”，就是这样很“累”地不断自打嘴巴地说话的，我们做人可不能这样。

说话难，但也不能就此闭口不言，因此，学会怎样说话就是很重要的事了。

说话技巧是要学习，但这并不意味着我们可以放弃原则，指鹿为马，曲意逢迎。如果违心地说话，那技巧就变成了恶行。崔永元说得好：“也许有一天我们会讨论技巧，我们用酒精泡出了经验，我们得意地欣赏属于自己的一份娴熟时，发现我们丢了许多东西，那东西对我们很重要。”

说话不坚持原则，丢掉的就是人格。

说话这事，孩子不会觉得难，怎么想就怎么说。只有大人们觉得是道难题。在人们知道左顾右盼，思前想后，知道掂量和玩味时，孩子们的词典里还没有这些词汇呢。这题很难。那么，如果我们实在想说，如鲠在喉，不吐不快，又不知道该怎么说时，怎么办？崔永元出了个主意：那就实话实说，就像来自德国的教练施拉普纳对中国足球运动员说的：“当你不知道该把球往哪儿踢时，就往对方球门里踢！”

这是解决说话难的最终办法，曲意逢迎只能避开一时的麻烦，得到的是良心上的永久不安。但是切忌口不择言，讲究一下“心机”，实在不能说的，宁可保持沉默。

2. 祸从口出

舌头是人之利器，也是人之祸害。无论你是吃硬饭还是吃软饭，舌头能帮你也能害你。所以，管不好自己的舌头，就要面临祸从口出的灾难！

有些人心里藏不住话，听到什么，看到什么就爱四处传播，这是一个很大的缺点，中国有句俗话“病从口入，祸从口出”，许多是非往往是我们多嘴多舌造成的。

当然，人长了嘴巴就是要说话的，但说话一定得看场合，看时机。如果说话不看场合，不讲究方式方法，不负责任，不考虑结果，往往容易惹出是非和麻烦。特别是青年人，社会阅历少，经验不足，爱说敢说，如果不注意控制，就更容易因话惹祸。这时不管你是有心还是无心，长期下去，最终害了你自己。

在我们的日常生活中，舌头惹出的风波太多了。不负责任地背后瞎说，毫无根据地怀疑猜测，不经调查地轻信乱传，东拉西扯地闲言杂语，都会给许多人造成痛苦和烦恼，给人世间增添许多是非和不幸。在给别人带来不幸的同时，往往自己也受到恶报。

“害人的舌头比魔鬼还厉害……上帝仁慈为怀，特地在舌头外面筑起一排牙齿，两片嘴唇，好让人们在开口讲话之前多加考虑。”这是文学家的语言，意思是说我们在说话之前要多加考虑，要负责任，不能出口伤人，损害别人。

其实，言为心声，语言受思想支配，反映一个人的品德。不负责任，胡说八道，造谣中伤，搬弄是非等，都是不道德的。

能管住自己的舌头就是做人最大的成功之一。

3. 装聋作哑，不战自胜

沉默是“心机”中的“心机”，更是没有“心机”的“心机”。当你不愿与人交谈，你可以选择沉默；你不懂怎样与人交谈，你也可以选择沉默。

某机关有一个女孩子，平日只是默默工作，并不多话，和人聊天，总是微笑着。有一年，机关里来了一个好斗的女孩子，很多同事在她主动发起攻击之下，不是辞职就是请调。最后，矛头终于指向了这个沉默的女孩子。某日，这位好斗的女孩子抓到了那位一贯沉默的女孩子的把柄，立刻点燃火药，噼里啪啦一阵，谁知那位女孩只是默默笑着，一句话也没说，只偶尔蹦出一个字：“啊?”最后，好斗的那个主动鸣金收兵，但也已气得满脸通红，一句话也说不出来了。

过了半年，这位好斗的女孩子也自请他调。

你一定会说，那个沉默的女孩子实在太有“心机”了，其实不是这样，而是那位女孩子听力不大好，理解别人的话不至于有困难，但总是要慢半拍，当她仔细聆听你的话语并思索你话语的意思时，脸上又会出现“无辜”、“茫然”的表情。你对她发作那么久，那么卖力，她回你的却是这种表情和“啊?”的不解声，难怪斗不下去，鸣金收兵了。

这个故事说明了一个事实：“沉默”的力量是何其大，面对“沉默”，所有的语言力量都消失了！

只要有人的地方，就会有斗争。这不是新鲜事，本就弱肉强食，和平相处才是怪事，因此你要有面对不怀善意的心理准备；你可以不去攻击对方，但保护自己的“防护网”一定要有，而装聋作哑有时是最厉害的武器。

又聋又哑的人听不懂别人的话，自然也不会加入争斗，别人自然也不会和他们争斗，因为这只是徒劳。

不过大部分人都不聋又不哑，一听到不顺耳的话就会回嘴，其实一回嘴就中了对方的计，不回嘴，他自然就觉得无趣了；他如果还一再挑衅，只会凸显他的好斗与无理取闹罢了，因此面对你的沉默，这种人多半会在几句话之后就仓皇地“且骂且退”，离开现场，如果你还装出一副听不懂的样子，并且发出“啊?”的声音，那么更能让对方“败走”。

不过，要“作哑”不难，要“装聋”才是不易，因此也要培养对他人言语“入耳而不入心”的功夫，否则心中一起波澜，不起来回他一二句是很难的。

学习装聋作哑，可以不战而胜，也可避免自己成为别人的目标，而且习惯装聋作哑，也可避免自己去找人麻烦，实在是为人处世的绝妙方法。

4. 闲谈中切忌搬弄是非

闲谈是促进人与人关系，加强团结合作的工具。闲谈最能考验一个人的做人，老搬弄是非，自己就是是非之人。

在谈话中，我们可以获得知识，获得情感。然而，在闲谈中，有时也会发生不幸的结局，这说明说话也有负效应。

病从口入，祸从口出，道理谁不晓得。有时口舌产生的祸害及危险性的确不小，一句不负责任的话，弄不好会使人丧失生命，这绝不是危言耸听。

生活中有那么多人喜欢瞎扯舌头，很让人讨厌。比如某甲听到某少女不洁的谣言之后，当成新闻到处传播，这无形中给那无辜少女以巨大的压力甚至很可能酿成无端的悲剧，如此传播小道消息的人极不道德，极不负责任。

闲谈中，更要回避对方忌讳的事，被击中痛处，对任何人来说，都不是令人愉快的事。不去提及他人弱点，是做人应有的美德。

一些人即使在盛怒之下，通常也不会扩散愤怒的波纹，但其中也有人在激怒下拿起手边的玻璃杯往地上摔。玻璃杯摔完了就没有其他东西可丢了，所以充其量也只不过是自己损失几个杯子而已。换句话说，就是你不伤害别人，发多大的火，说什么话都没有关系。

可是，商场上或一般社会的现象又如何呢？某些特殊人物盛怒时那真是相当可怕的事情。平日相当友善的同伴，虽不至于大吼“杀掉那家伙！”

但个人的立场和利害关系，至少也会演变成“封杀你”的结果。有些人为了公司的前途，不得不牺牲别人。对于商场来说，“封杀你”意味着调职、冷冻、开除等人事变动的宣告。如果你也是经商人士的话，“封杀你”就是代表对方的拒绝业务往来或“关系冻结”。

所以，我们可以由此得知，无论人格多高尚多伟大的人，身上都有“逆鳞”存在。只要我们不触及对方的“逆鳞”，就不会惹祸上身，还能平步青云。所谓的“逆鳞”就是我们所说的“痛处”，也就是缺点、自卑感，在人际关系上。我们有必要事先研究，找出对方“逆鳞”所在，以免说话的时候有所涉及。

所以，说话的时候一定要警惕祸从口出，我们不妨从下面几个方面去注意。

两个人交谈，尽量避免谈论第三者，如果所谈之事不可避免地涉及他人，也要掌握分寸，与事有关的方面可以谈，但只限于此。

在与人闲谈中，不嘲笑对方的一时失态，不批评对方的一时失误。经常给别人留下台阶，才是真正的君子之风。久而久之，与你打交道的人都会认为你是一个宽宏豁达、胸襟磊落的人。这样你会受到大家的欢迎，做起事来也比较容易。

5. 开玩笑宜笑不宜损

别以为玩笑开起来不需要深思熟虑，不需要“心机”，其实，玩笑的智慧深着呢！

一家出版社里的一位男性新婚不久，大概是心情愉快，生活稳定吧，人渐渐胖起来，和婚前的帅劲差了很多。

有一天，一位女同事的先生来，他和那位日渐发胖的同事是旧相识，大家聊了一会儿，女同事的丈夫突然对新婚的同事说：“你怎么搞的，胖成这个样子，满脸横肉，像肥猪一样。”大家听了笑了起来。

那位同事一时变了脸色，一句不吭。等笑他胖的那人走了，他才爆发开来，大骂他说话恶毒。女同事送走她先生回来，立即赔不是，把场面弄得很尴尬。

好朋友彼此间开玩笑，有点过但无伤大雅就可以了，但那女同事的先生的用词的确太损了些，难怪人家受不了。后来呢？被笑胖的那位同事和笑人胖的那位先生再也没有来往过。

生活中，由一个玩笑造成的悲剧实在太多了，皆因玩笑伤害了自尊。

所以，开玩笑、逗人应有分寸，否则伤害人、得罪人而不自知，那才得不偿失。

当然，玩笑的过火是避免不了的，但也不能因此就拒绝玩笑，整天一本正经。这非但没有必要，反而会因为这样拉远你和别人之间的距离，但在开玩笑之前，应有些认识：再豁达随和的人也有自尊心，他也许可以不在乎一百次一千次的玩笑和嘲弄，但不能忍受他在乎的人或事被开玩笑、嘲弄，你若搞不清楚他的好恶，开了不得体的玩笑，他就算不发作，也会记在心里。人不可能完全了解另一个人，这点你必须承认，更何况有人天生敏感，容易受伤，你认为好玩的，他也许不认为好玩，也就是说，开玩笑要看人。

喜欢开玩笑或嘲弄别人的人常不知不觉就过了头，因此开玩笑之前应先三思，以免出口成刀，伤害他人。总之，涉及人身的、有批评味道的，和敏感问题及隐私问题有关的玩笑要少开，宁可不开玩笑，也不要让人不愉快，如果硬要开玩笑，不如开自己的玩笑。

6. 好口才也会坏好事

口头上的赢不能叫赢，处处与人抬杠，那是做人的悲哀。

有一种人，反应快，口才好，心思机敏，在生活或工作中和人有利益或意见的冲突时，往往能充分发挥辩才，把对方辩得哑口无言。

长此以往，这种人就形成了一种习惯：不管自己有理无理，一要用到嘴巴，他绝不会认输，而且也不会输，因为他有本事抓你语言上的漏洞，也会转移战场，四处攻击，让你毫无招架之力；虽然你有理，他无理，但你就是拿他没办法。

在辩论会、谈判桌上，这种人也许是个人才，但在日常生活和工作场合中，这种人反而会吃亏，因为日常生活和工作场合不是辩论场，也不是会议场和谈判桌，你面对的可能是能力强但口才差，或是能力差口才也差的人，你辩赢了前者，并不表示你的观点就是对的，你辩赢了后者，只凸显你只是个好辩之徒且没有“心机”而已。

而一般常见的情形是，人们虽然不敢在言语上和你交锋，但对的事情大家心知肚明，反而会同情“辩”输的那个人，你的意见并不一定会得到支持，而且别人因为怕和你在言语上交锋，只好尽量回避你。如果你得理还不饶人，把对方“赶尽杀绝”，让他没有台阶下，那么你已种下一粒仇恨的种子，这对你绝对不是好事。

有好口才不是坏事，但运用不当则会坏事，因此你若有好口才，建议你：

①把口才用来说明事理，而不是用来战斗。不过当有人攻击你时，你当然可以“自卫”。

②有好的口才，也必须要有相对的内涵，否则别人会笑你全身只有舌头最发达。

③要驳倒对方，保卫自己的意见时，点到为止即可，切莫让对方“无地自容”，换句话说，要给对方台阶下。

④别人得罪你时，你虽理直气壮，但也不必把对方骂得狗血淋头。

⑤若自己的观点有错，要勇于认错，并接受对方的观点，切莫用辩论的技巧死命反击，因为黑就是黑，白就是白，硬辩只会让人看不起你。

好口才再配上好的“心机”，这样的人无疑会很有影响力，如果空有好口才而不知收敛，带来的损失将是巨大的。把“逞口舌之快”当成一种“快乐”，是这种人最大的悲哀。

7. 聪明的人绝不参与争辩

谢尔盖维奇曾说过：懦弱愚蠢的人才好激动和大吵大嚷，聪明强干的人什么时候都应保持自己的尊严。事实也是如此，聪明的人绝不参与争辩。

第二次世界大战刚结束的一天晚上，美国人戴尔·卡耐基在伦敦得到了一个极有价值的教训。当时他是罗斯·史密斯爵士的私人经纪。大战期间，史密斯爵士曾任澳大利亚空军战斗机飞行员，被派在巴勒斯坦工作。欧战胜利缔结和约后不久，他以30天旅行半个地球的壮举震惊了全世界。没有人完成过这种壮举，这引起了很大的轰动。澳大利亚政府颁发给他5000美元奖金，英国国王授予了他爵位。有一天晚上，戴尔·卡耐基参加一次为推崇他而举行的宴会。宴席中，坐在戴尔·卡耐基右边的一位先生讲了一段幽默的话，并引出了一句名言，意思是“谋事在人，成事在天”。

他说那句名言出自《圣经》，他错了。戴尔·卡耐基知道，且很肯定地知道出处，一点疑问也没有。为了表现出优越感，戴尔·卡耐基很讨嫌地纠正他。他立刻反唇相讥：“什么？出自莎士比亚？不可能，绝对不可能！那句话出自《圣经》。”他自信确定如此！

那位先生坐在右首，戴尔·卡耐基的老朋友弗兰克·格蒙在卡耐基左首，他研究莎士比亚的著作已有多年。于是，戴尔·卡耐基和那位先生都同意向他请教。格蒙听了，在桌下踢了戴尔·卡耐基一下，然后说：“戴尔，这位先生没说错，《圣经》里有这句话。”

那晚回家路上，戴尔·卡耐基对格蒙说：“弗兰克，你明明知道那句话出自莎士比亚。”

“是的，当然，”他回答，“《哈姆雷特》第五幕第二场。可是亲爱的戴尔，我们是宴会上的客人，为什么要证明他错了？那样会使他喜欢你吗？为什么不给他留点面子？他并没问你的意见啊！他不需要你的意见，为什么要跟他抬杠？应该永远避免跟人家正面冲突。”

天底下只有一种能在争论中获胜的方式，那就是避免争论。十之八九，争论的结果会使双方比以前更相信自己绝对正确。你赢不了争论。要是输了，当然你就输了；即使赢了，但实际上你还是输了。为什么？如果你的胜利，使对方的论点被攻击得千疮百孔，证明他一无是处，那又怎么样？你会觉得洋洋自得，但他呢？他会自惭形秽，你伤了他的自尊，他会怨恨你的胜利。而且——“一个人即使口服，但心里并不服。”

正如明智的本杰明·富兰克林所说的：“如果你老是抬杠、反驳，也许偶尔能获胜，但那只是空洞的胜利，因为你永远得不到对方的好感。”

因此，你自己要衡量一下，你宁愿要一种口头上的、表面上的胜利，还是要别人对你的好感？

威尔逊总统任命的财政部长威廉·肯罗以多年政治生涯获得的经验，说了一句话：“靠辩论不可能使无知的人服气。”

拿破仑的家务总管康斯坦在《拿破仑私生活拾遗》中曾写到，他常和约瑟芬打台球：“虽然我的技术不错，我总是让她赢，这样她就非常高兴。”

我们可从中得到一个教训：让我们的同事、朋友、丈夫、妻子，在琐碎的争论上赢过我们。

争辩不可能消除误会，而只能靠技巧、协调、宽容，以及同情的眼光去看别人的观点。

林肯有一次斥责一位和同事发生激烈争吵的青年军官，他说：“任何决心有所成就的人，绝不会在私人争执上耗时间，争执的后果，不是他所能承担得起的。而后果包括发脾气、失去自制。要在跟别人拥有相等权利的事务上，多让步一点；而那些显然是你对的事情，就让得少一点。与其跟狗争道，被它咬一口，不如让它先走。因为，就算宰了它，也治不好你的咬伤。”

8. 不慎失言应及时补救

人在生活当中，总有说话不当或做事不当的时候。发生这些事的时候，最重要的就是镇定自若，处惊不变，积极寻找措施来补救。这也是处世的一种“心机”。

人有失足，马有漏蹄。失足了可以再站起来，失蹄了可以重新振作，而人失言了可以用妙语去弥补。只要你有“心机”，就可以补得天衣无缝。

作为空姐，朱莉叶小姐常常接受严格的语言训练。尽管这样，她有时还是不免失言。

那次在航线上，她和往常一样本着顾客至上的服务精神，热情地询问一对年轻的外籍夫妇，是否需要为他们的幼儿预备点早餐。那位男乘客出人意料地用中国话答道：“不用了，孩子吃的是人奶。”

没有仔细听这位先生的后半句话，为进一步表示诚意，朱莉叶小姐毫不犹豫地说：“那么，如果您孩子需要用餐，请随时通知我好了。”

男乘客先是一愣，随即大笑起来。朱莉叶小姐这才如梦初醒，羞红了脸，为自己的失言窘得不知如何是好。

“人有失足，马有漏蹄”。在人们的交际过程中，无论凡人名人，都免不了发生言语失误。虽然其中原因有别，但它造成的后果却是相似的，或贻笑大方，或纠纷四起，有时甚至不堪收拾。

历史上和现实中许多能说会道的名人，在失言时仍死守自己的城堡，因而惨败的情形不乏其例。比如1976年10月6日，在美国福特总统和卡特共同参加的，为总统选举而举办的第二次辩论会上，福特对《纽约时报》记者马克斯·佛朗肯关于波兰问题的质问，作了“波兰并未受苏联控制”的回答，并说“苏联强权控制东欧的事实并不存在”。这一发言在辩论会上属明显的失误，当时遭到记者立即反驳。但反驳之初佛朗肯的语气还比较委婉，意图给福特以改正的机会。他说：“问这一件事我觉得不好意思，但是您的意思难道在肯定苏联没有把东欧化为其附庸国？也就是说，苏联没有凭军事力量压制东欧各国？”

福特如果当时明智，就应该承认自己失言并偃旗息鼓，然而他觉得身为一国总统，面对着全国的电视观众认输，绝非善策，于是继续坚持，一错再错，结果为那次即将到手的选举付出了沉重的代价。刊登这次电视辩论会的所有专栏、社论都纷纷对福特的失策作了报导，他们惊问：

“他是真正的傻瓜呢？还是像只驴子一样的顽固不化？”

卡特也乘机把这个问题再三提出，闹得天翻地覆。

那么，能不能采取一定的补救措施或者矫正之术，去避免言语失误带来的难堪局面呢？回答是肯定的。

有“心机”的人在被对方击中要害时绝不强词夺理，他们或点头微笑，或轻轻鼓掌。如此一来，观众或听众弄不清葫芦里藏的什么药。有的从某方面理解，认为这是他们服从真理的良好风范；有的从另一方面理解，又以为这是他们不谓辩解的豁达胸怀。而究竟他们认输与否尚是个未知的谜。这样的辩论家即使要说也能说得很巧，他们会向对方笑道：“你讲得好极了！”

相比之下，里根的表现就显得很有“心机”。

一次，美国总统里根访问巴西，由于旅途疲乏年岁又大，在欢迎宴会上，他脱口说道：

“女士们，先生们！今天，我为能访问玻利维亚而感到非常高兴。”

有人低声提醒他说溜了嘴，里根忙改口道：

“很抱歉，我们不久前访问过玻利维亚。”

尽管他并未去玻国，当那些不明就里的人还来不及反应时，他的口误已经淹没在后来滔滔的大论之中了。这种将说错的地点时间加以掩饰的方法，在一定程度上避免了当面丢丑，不失为补救的有效手段。只是，这里需要的是发现及时、改口巧妙的语言技巧，否则要想化解难堪也是困难的。

在实践中，遇到失言这种情况，有三个补救办法可供参考。

①移植法，就是把错话移植到他人头上。如说：“这是某些人的观点，我认为正确的说法应该是……”这就把自己已出口的某句错误纠过来了。对方虽有某种感觉，但是无法认定是你说错了。

②补充法，迅速将错误言词引开，避免在错中纠缠。就是接着那句话之后说：“然而正确说法应是……”或者说：“我刚才那句话还应作如下补充……”这样就可将错话抹掉。

③改义法，巧改错误的意义。当意识到自己讲了错话时，干脆重复肯定，将错就错，然后巧妙地改变错话的含义，将明显的错误变成正确的说法。

9. 巧用“含糊其辞”

面对别人的刁难，面对两难问题，不必去苦思冥想，只要反其之道治其身，用含糊其辞的语言去解脱，让对手去承受自己设计的圈套。

说话本应准确、清楚。但在语言的实际运用中，许多话是具有模糊性的。因为现实生活中有些话不必要、也不便于说得太实太死。

王元泽是宋朝著名政治家，文学家王安石的儿子，在他刚几岁时，有一个客人把一头獐和一头鹿放一个笼子里，问王元泽哪一头是獐，哪一头是鹿。王元泽回答说：“獐旁边的那头是鹿，鹿旁边的那头是獐。”王元泽的回答固然没有错。但是，王的回答是含糊其辞的，因为他没有确切地指明哪头是獐，哪头是鹿。然而妙也就妙在这“含糊其辞”上，王元泽如果老老实实地回答“不知道”，那就显示不出他的聪颖和机智，也不可能引起客人对他的才华的赞赏了。

一个财主晚年得子，不胜高兴。生日那天，大家都来祝贺。财主问客人说：“这孩子将来怎么样？”客人甲说：“这孩子将来能当大官！”财主大喜，给了赏钱。财主又问第二个客人说：“这个孩子将来怎么样？”客人乙说：“这个孩子将来要发大财！”财主又赏了钱。财主又问第三个客人说：“这个孩子将来怎么样？”客人丙说：“这个孩子将来要死的。”财主气极了，把他打了一顿。说假话的得钱，说真话的挨打。既不愿说假话，又不愿挨打，怎么办？只好说：“啊呀，哈哈，啊哈，这孩子，哈哈……”

10. 千万别相信“场面话”

做人需要说场面话，没有场面话，场面就谈不上场面，但是场面话不一定要信，因为那只是应付场面而已。

无论谁，有时都会说或听到“场面话”，听者或言者切莫较真。

某甲在一公家单位服务，十几年没有升迁，于是透过朋友牵线，拜访一位经管调动的单位主管，希望能调到别的单位，因为他知道那个单位有一个缺，而且他也符合资格。

那位主管表现得非常热烈，并且当面应允，拍胸脯说：“没问题!”

某甲高高兴兴地回去等消息，谁知半个月、一个月、两个月过去，一点消息也没有，打电话去，不是不在，就是“正在开会”，问朋友，朋友告诉他，那个位置已经有人捷足先登了。他很气愤地问朋友：“那他又为什么对我拍胸脯说没有问题?”他的朋友也不知如何回答才好。

这件事的真相是：那位主管说了“场面话”，而某甲相信了他的“场面话”。

“场面话”是人际交往中说话必具的应酬之一，而说“场面话”也是一种生存智慧，在社交中一些高手都懂得说，也习惯说。这不是罪恶，也不是欺骗，而是一种“必要”。

一般来说，“场面话”有以下几种。

当面称赞人的话。诸如称赞你的小孩可爱聪明，称赞你的衣服大方漂亮，称赞你教子有方……这种场面话所说的有的是实情，有的则与事实有相当的差距，听起来说起来虽然“恶心”，但只要不太离谱，听的人十之八九都感到高兴，而且旁人越多他越高兴。

当面答应人的话。诸如“我全力帮忙”、“有什么问题尽管来找我”等。说这种话有时是不说不行，因为对方运用人情压力，当面拒绝，场面会很难堪，而且会马上得罪一个人；缠着不肯走，那更是麻烦，所以用“场面话”先打发，能帮忙就帮忙，帮不上忙或不愿意帮忙再找理由，总之，有“缓兵计”的作用。

所以，“场面话”想不说都不行，因为不说，会对你的人际关系有所影响。

不过，千万别相信“场面话”。

对于称赞或恭维的“场面话”，要保持你的冷静和客观，千万别两句话就乐昏了头，因为那会影响你的自我评价。冷静下来，反而可看出对方的用心如何。

对于拍胸脯答应的“场面话”，你只能持保留态度，以免希望越大，失望也越大；只能“姑且信之”，因为人情的变化无法预测，你既测不出他的真心，只好抱持最坏的打算。要知道对方说的是不是场面话也不难，事后求证几次，如果对方言辞躲闪，虚与委蛇，或避不见面，避谈主题，那么对方说的就真的是“场面话”了。所以对这种“场面话”，也要有清醒的头脑，否则可能会坏了大事。

第五章 委婉拒绝，说“不”的技巧

不懂得拒绝，是非常可悲的一件事情，我们必须学会拒绝。学会拒绝的艺术，既可减少心理上的紧张和压力，又可表现出自己人格的独特性，同时不至于使自己在人际交往中陷于被动，生活就会变得轻松、潇洒些。

1. 巧妙拒绝，不伤感情又赢得谅解

拒绝他人，必须讲求方法与技巧，这样，就可以把拒绝带来的遗憾缩小到最低限度。既不伤害对方的自尊与感情，又能取得对方的谅解与支持。

在与人交往中，往往会碰到一些自己不能办或不愿办的事情，这就需要以言语拒绝。当然，拒绝别人的请求，否定别人的意见，往往需要委婉的表达。这样既能使对方接受你的意见，又不会伤害对方的自尊心。当你准备说“不”时，不妨委婉一些。

如果把拒绝的话说得柔和婉转，就会使自己不致陷入左右为难的状况。相反，如果拒绝不当，可能就会遭到别人的忌恨。因此，学会如何拒绝别人的确很重要。

在人与人的交往中，每个人都曾有过向别人提出要求，而遭到别人拒绝的时候，那种感受实在是非常尴尬。然而，人生就是需要不断地说服他人，以寻求合作。也可以说，人生就是不断地遭到拒绝和拒绝他人。

三国时期的华歆在孙权手下时名声很大，曹操知道后，便以皇帝的名义下诏召华歆进京。华歆启程的时候，亲朋好友千余人前来相送，赠送了他几百两黄金和礼物。华歆不想接受这些礼物，但是如果当面谢绝肯定会使朋友们扫兴而归，伤害朋友间的感情。于是，他便暂时来者不拒，将礼物全部收下，并在所收的礼物上面悄悄记下送礼人的名字，以备“完璧归赵”。华歆设宴款待众多朋友，酒宴

即将结束之时，华歆站起来对朋友们说："我本来不想拒绝各位的好意，却没想到收到这么多的礼物。但是，匹夫无罪，怀璧其罪。你们想一想我单车远行，有这么多贵重之物在身，我是否有点太危险了呢？"

朋友们听出了华歆的言外之意，知道他不愿意接受礼物，又不好当面拒绝，以免大家都没面子，内心里对华歆油然而生出一种敬意，便各自将礼物取回。

相反，如果华歆声色俱厉地拒绝别人，甚至心怀疑虑，认真盘问对方，事态就会扩大化，其结果必然使双方的友情出现裂痕。

当有人需要你帮忙，但你由于某种原因不能帮他时，就需要运用拒绝的艺术。委婉的拒绝是消除误会的灵丹妙药。

说起海瑞，人们都会把"清官"这两个字与他的名字联系起来。的确，他是明朝一位品格刚正、耿直、廉洁的清官，百姓都尊称他为"海青天"、"活包公"。

可是你知道吗，他不仅为官清廉，还懂得如何巧妙地拒绝一些别人的要求。

有一天，海瑞严厉处罚仗势侵夺民田的董其昌时，一些官员来替董其昌求情，对海瑞说："圣人不做过分的事。"

海瑞却说："各位还不知道我不是圣人吗？"仅仅一句话，就把求情的人们顶了回去。这句话既巧妙地表达了海瑞秉公执法严办董其昌的决心，又使得说客碰上了软钉子，无言以对，这也是在拒绝一些求情者的要求时最好的办法。

那么怎样开口拒绝，才不会伤害对方呢？

（1）说"不"之前，要让他人了解到你的苦衷和歉意

要尽量避免使用一些模糊话语来回答。这种讲法或许你自认为是表达了拒绝之意，可是有所求的一方可能会以为你在为他想办法，这样一来，反而耽误了他人的时间。所以，拒绝时不能使用模糊字眼的语言。

以诚恳的态度委婉地说出自己拒绝的理由，使他人了解到你是爱莫能助，这种拒绝方法是成功的。

（2）拒绝他人时，态度要亲切和蔼

拒绝他人，不能在他人刚提出要求时，就断然拒绝；不能对他人的请求快速反驳，或面带不悦；也不能藐视对方，坚持永不妥协的态度，你应该态度诚恳地去拒绝别人的请求，这样才会容易让人接受。

（3）拒绝他人时，要将理由明确说出

拒绝他人时，要将理由据实言明，不能模棱两可，以免对方搞不懂你的真意，以致产生种种误会，这就会使彼此间存在隔膜，使关系越来越淡化。

（4）拒绝他人时，切不能伤害他人的自尊心

曾经对你有过帮助的人，特意来拜访你，请你为他办事，如果考虑到情面，就不容易拒绝。不过，倘若你将尊重他的意愿坦诚地表达出来，再率直地说出自己的难处，对方自然会原谅、理解你的。

（5）拒绝他人，要给他人一个台阶下

拒绝他人，要给他人留足面子，要让他有台阶可下。你必须耐心地倾听他人的诉说，等心里有了主意后，再去拒绝，他人就不会感到无地自容。

有些时候，拒绝不能将话说得太死，比如当异性当面向你表示爱意时，如果你不乐意接受，就可以委婉地说："婚姻大事不可草率行事，我们还是慎重考虑一下吧！"这样对方就会很知趣地明白你说话的用意了。

2. 拒绝要自然，铺垫不可少

如果先说让人高兴的话，然后再说拒绝的话，对方才容易接受你的拒绝，才能对你的拒绝给予谅解。利用这种方法，可以巧妙灵活地应对你不想面对的事和人。

有一个钢琴师被熟人邀请到某夜总会乐队工作。钢琴师嫌薪水低，打算立即拒绝，但想起以前受过对方照顾，不便断然拒绝。他心生一计，先说些笑话，然后一本正经地说："如果能使夜总会生意兴隆，即使奉献生命，在下也在所不辞。"

此时夜总会老板自然还是一副笑脸，钢琴师抓住机会立刻说："不过，我想，夜总会的生意总有好有坏，我还是不再给您添麻烦了。"

这样，钢琴师彬彬有礼地向老板表达谢意后，随后离去。老板却不知该如何待他，虽生悔意，但为时已晚。

一位名叫金六郎的青年去拜访本田宗一郎，想将一块地产卖给他。

本田宗一郎很认真地听着金六郎的讲话，只是暂时没有发言。

本田宗一郎听完金六郎的陈述后，并没有作出"买"或者"不买"的直接回答。而是在桌子上拿起一些类似纤维的东西给金六郎看，并说："你知道这是什么东西吗?"

"不知道。"金六郎回答。

"这是一种新发现的材料，我想用它来做本田宗一郎汽车的外壳。"本田宗一郎详详细细地向金六郎讲述了一遍。

本田宗一郎共讲了十五分钟之多。谈论了这种新型汽车制造材料的来历和好处，又诚诚恳恳地讲了他明年汽车拟取何种新的计划。这些内容使得金六郎摸不着头脑，但感到十分愉快。在本田宗一郎送走金六郎时，才顺便说了一句，他不想买那块地。

如果本田宗一郎一开始就将自己的想法告诉金六郎，金六郎一定会问个究竟，并想方设法劝说本田宗一郎，让他买下这块地。本田宗一郎不直接言明的理由正是如此，他不想与金六郎为此争辩什么。

拒绝对方的提议时，最好采用毫不触及话题具体内容的抽象说法。

日本成功学大师多湖辉说的这个故事发生在20世纪60年代末的学运中。某大学的教室里正在上课时，一群学运积极分子闯了进来，使上课的教授先生手足无措。当着班上学生的面，教授想显示一点宽容和善解人意的风度，就决定先听一下学生讲些什么之后再去说服他们。

结果与他的善良想法完全相反，学生们乘势向他提出许许多多的问题，把课堂搅得一团糟，再也上不成课了。并且这之后只要他上课就有激进派的学生出现在课堂上，就这样日无宁日地持续了一年。

从这一教训中，教授悟到一条法则，即若无意接受对方，最好别想去说服他，对方一开口就应该阻止他："你们这是妨碍教学，赶快从教室里出去，与课堂无关的事，让我们课后再说！"

假如再发生一次同样的事，教授先生能否应付？就算他显示出了拒绝的态度，学生也会毫不理会地攻击他吧！如果一点也不去听学生的质问，一开始就拦住话头，至少不会给对方以可乘之机，也不致弄得一年时间都上不好课！

3. 拒绝的关键在态度，圆滑一点也无妨

拒绝最能考验一个人为人处世的水平，生硬的拒绝不是有心机的表现，但凡精明的人绝不会这样自投人世的罗网。拒绝不单单是一种处世方式，它需要充分的理由，得体的策略，真诚的态度，只要能让人由衷地接受，一时的圆滑也未尝不可。

委婉地拒绝别人，首先要有一个充分的理由，然后再有一个完美的策略，最后再加上正确真诚的态度。那么，对方再不情愿也只能憋在心头口难张。

（1）态度可以好，但立场必须明确

有的人对于要拒绝的人或事，在立场上常表现得暧昧不明，而造成对方一种期待。虽然想表示拒绝，却又并没明确出口。听别人几句甜言蜜语，就轻易地承诺下来的举动，也是自己立场不明确所造成的。

（2）以温和的态度，细心倾听对方的倾诉，用来缓和对方对拒绝的抗拒

虽然说“不”或“行”要明白表示，却也不是叫你毫无顾虑地就表示“不”。语气强硬地说“不”会伤害对方的自尊心，甚至遭到对方的怨恨。

对别人的要求要洗耳恭听，对自己不能答应的事要表示抱歉。体谅对方求助于人的苦心……这些都是在你回答“不”之前所应思考的。尤其当拒绝的对方是上级时，说话更要留有余地。

（3）拒绝时，态度一定要真诚，不要伤了对方的自尊心

人都是有自尊心的，一个人有求于别人时，往往都带着惴惴不安的心理，如果一开始就说“不”，势必会伤害对方的自尊心，使对方不安的心理急剧加速，失去平衡，引起强烈的反感，从而产生不良后果。因此，不宜一开口就说“不”，应该尊重对方的愿望，先说关心、同情的话，然后再讲清实际情况，说明无法接受要求的理由。由于先说了那些让人听了产生共鸣的话，对方才能相信你所陈述的情况是真实的，相信你的拒绝是出于无奈，并不是无缘无故地不帮助你，而是有自己的难处和苦衷，进而让人可以理解。

当拒绝别人时，不但要考虑到对方可能产生的反应，还要注意准确恰当地措辞。比如你拒绝聘用某人时，如果悉数罗列他的缺点，会十分伤害他的自尊心。倒可以先称赞他的优点，然后再指出缺点，说明不得不这样处置的理由，对方也能容易接受，甚至感激你。

（4）拒绝时，尽量使你的话温柔缓和

当你想拒绝对方时，可以连连发出敬语，使对方产生“可能被拒绝”的预感，形成对方对于“不”的心理准备。谈判中拒绝对方，一定要讲究策略。婉转地拒绝，对方会心服口服；如果生硬地拒绝，对方则会产生不满。

（5）拒绝前，想方设法降低对方对你的期望

大凡来求你办事的人，都是相信你能解决这个问题，抱有很高的期望值。一般地说，对你抱有期望越高，越是难以拒绝。在拒绝要求时，倘若多讲自己的长处，或过分夸耀自己，就会在无意中抬高了对方的期望，增大了拒绝的难度。如果适当地讲一讲自己的短处，就降低了对方的期望，在此基础上，抓住适当的机会多讲别人的长处，就能把对方求助目标自然地转移过去。这样不仅可以达到拒绝的目的，而且使被拒绝者因得到一个更好的归宿，由意外的成功所产生的愉快和欣慰心情，取代了原有的失望与烦恼。

4. 敢于说“不”，善于说“不”

既要把“不”字说出口，又能赢得人家的宽容和体谅，和他人保持良好的人际关系，实非易事。敢于说“不”，诚然不易，而善于说“不”，则更加难得。所以给拒绝找一个适当的方式，确实是一门艺术。

在人际交往中，我们总有被人拒绝或拒绝别人的时候。拒绝，表述时总难离一个“不”字，而这个“不”字，又往往最不好意思说出口，因为咱们中国人最爱面子。

拒绝的方式多种多样，可以因人因事灵活运用。

面对某些人的无理取闹，特别是面对时弊陋习，务必旗帜鲜明，断然予以拒绝。

记得钱钟书老人曾针对时下流行的祝寿、纪念会和某些所谓学术讨论会，一概拒之门外，而且毫不客气地一连说出七个“不”：“不必花些不明不白的钱，找一些不三不四的人，说些不痛不痒的话。”钱老夫子决不媚俗，该拒则拒，决不留情。

对于那些懂得自尊，无奈时才偶尔相求但又求得有点出格的人，拒绝则宜委婉，莫伤面子，避免尴尬。

曾有位女士对林肯说：“总统先生，你必须给我一张授衔令，委任我儿子为上校。”林肯看了她一下，女士继续说：“我提出这一要求并不是在求你开恩，而是我有权力这样做。因为我祖父在莱克星顿打过战，我叔父是布拉斯堡战役中唯一没有逃跑的士兵，我父亲在新奥尔良作过战，我丈夫战死在蒙特雷。”林肯仔细听过后说：“夫人，我想你一家为报效国家，已经做得够多了，现在把这样的机会让给别人的时候到了。”这位女士本意是恳求林肯看在其家人功劳的分上，为其儿子授衔。林肯当然明白对方的意思，他故意假装糊涂。

恰到好处的拒绝既有利于自己，也有利于别人。在生活中，作为凡夫俗子，你不可能什么事情、什么情况下都能满足对方的要求。有些人经常在该说“不”的时候没有说“不”，结果到头来既害己，又害人，把人际关系弄得很糟。

敢于说“不”，善于说“不”，这是为人处世不可或缺的学问。

（1）要以非个人的原因作借口

拒绝他人，最困难的就是在不便说出真实的原因时又找不到可信而合理的借口，那么，不妨在别人身上动动脑筋，比如借口你的家人方面的原因。一位生活惬意的家庭主妇自称她的生活之所以能如此安宁，就是因为她能巧妙地拒绝。当一个推销员敲她家门时，她的态度礼貌而坚定：“我丈夫不让我在家门前买任何东西。”意思是说，我不买你的商品，不是因为我不愿意掏腰包，而是因为我那个有点古怪的丈夫。这样一来，推销员既不会因为她没买东西而怨恨她，同时也感到再说下去也是白费口舌，因为问题不在于那个主妇，而在于她的那个丈夫，于是，对方就只好作罢。

（2）明确表示你很愿意满足对方的要求

当有人请求你的帮助时，在力所能及的范围内，应该尽量给予帮助。但碰上实在无能为力的事，你无法给予对方帮助时，也不要急于把“不”字说出口，不要使对方感到你丝毫没有帮助他解决困难的诚意，否则，你在别人眼中会是一个自私而缺乏同情心的人。保险公司的小安是处理协调客户赔偿要求的事务的，小安的工作决定他要经常地拒绝客户的要求。然而，他总是对客户的要求表示同情，并解释说，从道义上讲他同意对方的要求，可自己实在是心有余而力不足。由于拒绝得法，小安的工作做得很出色。同样，当别人有求于你而你又无能为力时，先不忙拒绝他，而要耐心地倾听他的陈述，对他所处的困境表示同情，甚至可以给他提些建议，最后告诉他，你实在无法帮他，对方绝不会因此而生气，反而会被你的诚意所感动。

（3）通过诱导对方来达到拒绝目的

当别人向你提出不合理的要求时，不要简单地拒绝他，而应该让他明白他的要求是多么荒唐，从而使之自愿放弃它。一位业绩卓著的室内设计师声称，对于用户的不合实际的设想，他从不直截了当地说“不行”，而是竭力引导对方同意他希望做的事情。一位妇女想要用一种不合适的花布料做窗帘，这位设计师提议道：“我们来看看你希望窗帘布置达到什么效果。”接着，他大谈什么样的布料做窗帘才能与现代装饰达成最好的和谐，很快，那位妇女便把自己的花布料忘了。

（4）在拒绝的同时说明还应做些什么

这一点对担任一定领导职务的人尤其重要。比如你的属下提出的要求得不到满意答复，你不妨告诉属下的努力方向，使他始终看到希望。与此相比，你的拒绝就显得微不足道了，就不会挫伤他的自尊心，也不会伤害你与属下之间的感情了。美国的威廉·雷利博士在谈及怎样处理下属希望晋职而他本身的条件又不够的情况时，曾建议企业主管这样说：“是的，乔治，我理解你希望得到提升的心情。可是，要得到提升，你必须先使自己变得对公司更重要。现在，我们来看看对此还要多做点什么……”

（5）用最委婉、和气的方式来表达你的意见

一位热情奔放的老妇人决定与年轻的女邻居交朋友，她发出邀请：“欣迪，你明天上午到我家来玩，好吗?”欣迪脸上露出温和宽厚的笑容说：“不行啊!”她的拒绝既友好又温情，但态度又是那么坚决，老妇人只好作罢。所以，当别人的请求你无法满足，而又不能或无需找任何借口时，就用最委婉、最友善、最真诚的语言拒绝他，不留任何回旋的余地。

5. 伸手不打笑脸人，拒绝要委婉得体

俗话说，伸手不打笑脸人，可见要使拒绝达到圆满的地步是多么的难。而精明的人懂得以折中法、模糊法……巧妙应对，既不勉强自己，又不让别人尴尬。

在社交活动中，人们常常遇到如下的情况：当别人有求于你，而你出于各种原因却不能接受，又不好直说“不行”、“办不到”，怕伤害对方的自尊心；对方提出一些看法，你不同意，既不想讲违心之言，又不愿直接顶撞对方；你看不惯对方的行为，既想透露内心的真情，又不愿意表达得太直露，以免刺激对方。为了很好地应答上述种种情况，就要在社交活动中学会巧妙地拒绝，根据不同的情境善于说“不”。

这种拒绝的艺术可采取如下的一些方式方法。

（1）假托直言

直言是对人信任的表现，也是与对方关系密切的标志。但是，有时直言可能逆耳，不能收到预期的效果。在这种情况下，要拒绝、制止或反对对方的某些要求、行为时，可采取假托由于非个人的原因作为借口从而加以拒绝，这样对方就容易接受。

例如，某报社的推销员登门要求你订阅他们发行的报纸，可你不想订阅。你可以很有礼貌地说：“谢谢。你们的服务很周到，可是我家已经订阅了其他几家报社的报纸了，请谅解。”

（2）反复申说

当别人侵犯了你的权利时，你要维护你的权利，一面坚持说你所需要

的东西，而不生气，也不急躁或高声喊叫，在一种冲突的情境中有效地表达你的意见。这种方法也叫“破唱片法”，即反复申说。

例如，你到商店去买东西，由于购物的人多，售货员少找给你5元钱。你向售货员提出，售货员因记不清而引起了纠纷。这时你要以一种平静而重复的声音诉说是如何少找还你钱的，直到问题得到解决。下面是店员和买主的一段对话：

买主：小姐，你少找给我5元钱。

店员：不会吧，我们总是一手交钱，一手交货。

买主：我相信你们总是这样做的，可是你确实少找给我5元钱。

店员：你有发货票吗？

买主：有（拿出发货票），你看，就是差了5元钱。

店员：（看发货票）你在这里买的是两双儿童的靴子。

买主：不错，你再算算，就是差5元钱。

店员：你看过你的衣袋没有？你是不是掉在哪儿了？

买主：不会的，我没动地方。我衣袋里再没有钱了。

店员：现在没法结算，快闭店时我们结账，你来一趟好吗？

买主：我是相信贵店的，一定会找到。

（3）模糊应对

在交往中，由于某种原因不愿意或不便于把自己的真实想法说给对方，这时就可以用模糊语言来应对。

例如，在医院里，一位患有严重疾患的病人问医生：“我的病是不是很重，还有康复的希望吗？”医生回答：“你的病确实不轻，但是经过治疗，安心养病，慢慢会好的。”这里的“慢慢会好”是模糊语言。这“慢慢”是多久，是说不清的，但给病人以希望，对病人是一个极大的安慰。

（4）可行性妥协应对

这种方法是明确表示你希望满足对方的要求，并表示同情，可是实际上是心有余而力不足，请对方谅解，而不直接拒绝。这样也能收到良好的效果。

例如，客户要求电信局安装市内住宅电话，由于供不应求，无法一一满足，但又不能拒绝客户的要求。回答时，应表示同情，并热情地说："满足客户的要求是我们应尽的责任，可是由于目前线路短缺，还不能全都解决，我们正在创造条件，请你耐心等待。"

（5）选择应答

选择应答是对对方提出的问题有选择地回答，而不直接否定对方提出不合己意的问题。

例如，你的同学问你："某某小说写得很不错，你认为怎样？"

你可以这样回答：

"还可以，不过我更喜欢某作家的某一本小说。"

再如，星期天你的妻子说："今天我们去看话剧好吗？"而你不愿去，就应说："去看电影怎么样？"这样回答不会引起对方的反感，还可能会让她同意你的意见。

（6）巧避分歧

对某一人某一事物有不同的看法，而你又一时说不出谁是谁非，这时就要本着"求大同，存小异"的原则，用巧妙的辞令含蓄地加以回避。

例如，有人问文艺理论家："你对当前争论最大的演员某某是怎样看的？"

理论家回答："过去我与某某素不相识，直到前不久开会时听了她的发言才算认识了她。关于某某的争论我不了解，无从谈起。只觉得对于像她这样的优秀演员，我们一定要珍惜，不应过多的苛求。我们这一代人，生活的人文环境不好，文化的营养很不足，在这种条件下，能够达到这样的表演水平，太不容易了。我们应充分敬重她，不要苛求我们的演员。苛求，是一种罪恶。"这是巧妙地避开争论的问题又说出了自己对某某持有的看法，可谓巧避分歧。

6. 委婉拒绝，给对方台阶下

生活中，不可能不拒绝别人，但如果每次拒绝都带来隔阂，带来仇视敌意，那最后必将成为孤家寡人，所以，要学会巧妙拒绝，这样在做人做事上才不会吃大亏。

当别人向你提出要求和帮助时，你也许是有口难言，也许是爱莫能助，或者因为对方的要求不合理，或者因为对方所求的事情不可行，从原则上、逻辑上讲都是应该直截了当加以拒绝的。但在社交过程中，这个“不”字又不是那么容易说出口的。因为拒绝不当就容易令对方不快甚至恼恨，许多人就是因为拒绝不当而失去了朋友、得罪了领导、惹怒了合作伙伴等。所以，掌握一点说“不”的艺术是很有必要的。拒绝他人时总的原则是，不能损伤对方的自尊心，不能使对方难堪。

这里介绍几种常见的拒绝方法。

（1）委婉含蓄拒绝法

这种拒绝法不是就事论事、直接拒绝，而是通过顾左右而言他，间接地、巧妙地、委婉地加以拒绝。这种拒绝法特别适用于有人为某事向你求情而你在原则上又不能答应的情况。

清代的郑板桥在当潍县县令时，查处了一个叫李卿的恶霸。李卿的父亲李君是刑部天官，得讯后急忙赶回潍县为儿子求情。李君以访友的名义拜访郑板桥，郑板桥知道李君的来意，故意不动声色地看李君如何扯到正题。李君看到郑板桥房中有文房四宝，于是向郑板桥要来笔墨纸砚，提笔在纸上写道："燮乃才子"。郑板桥一看，人家是在夸自己呢，自己也得表示表示，于是也提笔写道："卿本佳人"。李君一看心里一亮："郑兄，此话当真?"

"君子一言，驷马难追!"

"我这个'燮'字可是郑兄大名，这个卿字……"

"当然是贵公子宝号啦!"

李君心里高兴极了："承蒙郑兄关照，既然我子是佳人，那就请郑兄手下留情。"

"李大人，你怎么'糊涂'了?唐代李延寿不是说过'卿本佳人，奈何做贼'吗?"

李君脸一红，只好拱手作别了。

郑板桥巧妙地利用李卿的"卿"与现成话"卿本佳人，奈何做贼"的"卿"字同音同义的关系，委婉含蓄地拒绝了李天官的求情，既坚持了原则，又不使对方因为得不到满足而怀恨在心。

（2）先退后进拒绝法

不把自己的反对意见说出来，相反，先退一步，表示同意对方的看法，然后再针对对方所提出的问题，摆出自己的不同看法，叫做先退后进拒绝法。这种方法特别适宜于拒绝权威性人士的意见，因为这样使对方不失体面。

（3）强调客观拒绝法

这是一种强调说明主观上我是愿意尽力帮忙的，但是客观上却有许多障碍，确实是爱莫能助，以客观的诸多原因来加以拒绝的方法。

（4）诱使对方自我否定拒绝法

如果认为对方要求不合理，又不便直接向对方提出来，不妨玩点小花样，设下圈套，诱使对方自己否定自己。运用这种诱使对方自我否定的拒绝方法，必须反应灵敏、机智，方能不露破绽地令对方落入自己设下的圈套。

（5）给对方提出合理建议拒绝法

在阐述自己无法帮助对方的苦衷时，不失时机地给对方提出一些合理的建议，帮助对方想其他的点子，指明方向，使对方感到你在间接地帮助他，这样就弥补了他因拒绝而造成的不快。

7. 该硬的要硬，该软的要软

成功的拒绝不仅需要勇气，同样需要智慧。对于事或人，要灵活对待，该硬则硬，该软则软，刚柔并济，灵活运用，才是拒绝之道。

如果在你工作时间，或是在你正想休息一下的时候，却有一个人前来缠住了你，唠叨不休地向你借钱，要求你谋事，要请你帮助，或买他的东西，一定要你答允他频频的要求，你会觉得痛苦吗？

社交活动中难免会遇到这类难题，但是有没有办法避免这些多余的困扰呢？这就要学习婉言拒绝的本领了。

然而拒绝人家也是有秘诀的，拒绝得法，对方便心甘情愿，如果不得法，一定使人对你不满，甚至怀恨你，仇视你。

我们来介绍一些如何拒绝别人的技巧。

请先看吉恩和他朋友的一场对话：

“近来有许多推销员，登堂入室兜售物品。这些人口齿伶俐，跟你缠绕不休，一个个都有一套使你非买下他们东西不可的本领。我对这般人实在是应付不了。”吉恩的朋友抱怨说。

“你可以拒绝啊！”吉恩插嘴说。

“拒绝，也不是一件容易的事啊！”他说，“那些推销员全不把你的拒绝放在心上，他们有一套手腕激起你的兴趣，吸引你的注意，压服你的反对，挑动你的欲望，使你终于买下他的东西，许多人因为不知道怎样拒绝而结果只好答应。”

吉恩这位朋友的话也许过分夸张了些。但是如果你被那些推销员所困扰，你坚决说个“不”字，他们是毫无办法的，这难道不是个简单的办法吗？

其实不然。虽然你硬着头皮说“不”字，有时你会有料想不到的结果。有一次一个保险公司的所谓“访问员”到艾瑞办公室来谈生意，整整谈了两个多钟头，结果他坚决用“不”字来拒绝，推销员只好怏怏退出了。

几天之后艾瑞的朋友来告诉他，一位胖胖的年轻人在外面口口声声破坏他的声誉。他惊奇得很，因为在私人方面或生意场中，他并无仇人。直到后来他的朋友说那青年的下巴有颗痣，他才恍悟正是那天被他拒绝的推销员。

拒绝人家不得方法，实在太危险了。例如一个品行不良的朋友来向你借钱，你知道如果借给他便是肉包子打狗一去不回头；一个相熟的商人向你兜售物品，你明知买下了就要亏本。诸如此类的事你必定加以拒绝，可是拒绝之后，就要断绝交情，引人恶感，被人误会，甚至种下仇恨的种子。

要避免这种情形发生，唯一方法便是运用些聪颖的智能。学习口才培训中，有关拒绝的方法列举了以下规则。

你应该向对方解释自己拒绝的理由。

拒绝的言词最好用坚决果断的暗示，不可游移。

不要把责任全推到人家身上，含糊其辞。

注意不伤害他人自尊心，否则定会激怒他人。

让对方明白你的拒绝出于万不得已，很是抱歉。

有时为了拒绝人家，含糊其辞去推托，“对不起，这件事我实在不能决定，我必须去问问我的父母。”或是，“让我和太太商量商量，决定了再答复你吧。”

但这种方法有些不干脆了。有人会认为是解围的好方法，既不伤害朋友情感，而且可以使朋友体谅你的难处。但是这种敷衍的结果，对方还会再三再四地来缠扰你。总有一天发觉这是你的拒绝，以前的话全是托词，敷衍，骗人，不只对你怨恨，而且也暴露了你的弱点：懦弱和虚伪。

如果换一个情况，你的上司或主管对一项措施征求你的意见时，你出于责任的关系必须反对或拒绝，又该如何应付？请看下面一个例子：美国一家贸易公司的经理设计了一个商标，开会征求各部门的意见。

经理报告说："这个商标主题是旭日，象征希望和光明。同时，这个旭日很像日本的国徽，他们国内人民见了一定乐于购买我们的产品。"

然后他征求各部门主任的意见。营业主任和广告主任都极力恭维经理构想的正确，最后轮到代理出口部主任来出席会议的青年职员表示意见。他说："我不同意这个商标。"

全屋的人都瞪大眼睛看着他。

"怎么？你不喜欢这个设计？"经理吃惊地问他。

"我倒不是不喜欢这个商标，"青年勇敢地回答。其实从艺术观点确是有点讨厌那红圈圈，他明白和经理辩论审美力是得不到什么效果的，所以他只说："在日本，我恐怕它是太好了。"

经理笑了起来，"这话倒使我不懂，你解释看看。"

"这个设计鲜明而生动自然毫无疑问，因为与日本的国徽相似，无论哪个日本人都会喜欢的。"

"是啊，我的意思正是如此。"经理不耐烦地说。

"然而我们在远东还有一个重要的市场，那就是中国了，中国人看到这个商标，也未尝不会想到这是日本的国徽，即使日本人喜爱这个商标，可是中国人却不会对此有好感的。也就是说他们不愿意买我们的东西，那么在中国反而不是全无销路了吗？照本公司的营业计划，是要扩充对华贸易的，但这样一个商标做成之后，结果，必然是顾此而失彼了。"

"天哪！我倒没有想到这一层，你的话对极了！"经理几乎叫了起来！

这位青年如果也是和其他人一样地对经理唯唯从命，让旭日做成商标，将来产品销到远东之后，中国方面的营业报告一到，生意清淡，存货退回，那时假使明白不能销售的原因是因为商标问题，代理出口部主任出席那次会议的那位青年，能摆脱责任吗？

要向一位有权威的人表示反对或拒绝，你必须要有充分的理由，更要说得使他完全信服，不过技巧的运用，不能不讲究。你看，上例中，那位青年一句“我恐怕它是太好了。”一句恭维话先填平了经理的不悦，同时也不使他失了体面，后来他虽然陈述了更充分的理由，经理也不会因此而觉得难堪。

你在拒绝别人的同时要牢记：不要损伤了他人的自尊心，不要使他人感觉屈服，或难堪。你虽然拒绝了他，还是让他自己依然自满和得意吧。

8. 拒绝别人的技巧

拒绝时，诚恳深情的态度就像润滑剂，能减少摩擦，从而使拒绝达到预期效果。如果生硬无情地拒绝，只能埋下祸根，这是拒绝的大忌。

有的人当别人提出了某项要求或请求时，自己心里明白拒绝了对自己更有利，但是出于面子和感情的缘故，“不行”两个字总是讲不出口。另外，这种人即使说出了“不行”二字，也是直来直去，或直率拒绝或严词拒绝，他们从来不运用任何技巧，这样一来，会使对方感到尴尬，产生不快，进而认为这个人真不近人情。

其实，拒绝也是有一些技巧的，掌握了这些技巧的恰当运用，既可以达到拒绝的目的，又不使对方难堪。所以让对方不抱希望的婉言拒绝才是真正的高招。

（1）幽默诙谐，乐呵呵地说“不”

电视剧《宰相刘罗锅》的主题曲中说：“百姓心中一杆秤。”其实每个人的心中都有一杆秤，毫不忌讳地说就是个人的利益。如果某人向我们提出要求，恰恰触犯了我们自己的利益，我们在心里就会犯嘀咕：“凭什么要牺牲我的利益呢？”这是很自然的想法，但我们都应该有一个原则，就是个人利益与大家的利益发生冲突时，理应把大家的利益放在首位，这是一个人品质好坏的衡量标准之一。但生活中的许多场景涉及不到国家利益、集体利益的高度，在这种情况下，个人利益被放大，所以我们还是有很多时候为了维护自己的利益要勇敢地说不。

（2）寻找借口，借助别人说“不”

在某些情况下，你对问题的处理虽然代表了你自己的意见，却没有说服力，往往使对方难以接受。那么，你可以考虑借助某种具有威信的专业人士的名义来作为回绝对方的理由。比如，你在银行工作，顾客要求你延长他的贷款还款期限，而这件事你虽然明知是不可行的，但这是银行的一个大客户，你又不想得罪他，你就可以说：“李先生，我也很想继续延长您的贷款期限，但是我们的律师不同意。”在这种情况下，要注意的是不要说出这个你借助的对象的名字，因为这会使对方理解为你在推卸责任，而且引来不必要的麻烦。

（3）先肯定，后否定地说“不”

每个人都喜欢听顺从自己的意见。这是绝对的。所以即使有些是别人不对的地方，当我们面对某些不得不拒绝的情况，脑海里不要首先想到自己是对的，别人是错的。如果一开始你就说：“你不对！”“你错了！”之类的话，相信谁也不愿意接受。相反，你先肯定对方的某些细微之处，再表明自己的态度，对方才有可能考虑你的提议。比如，你说：“我也同意你的这些说法，但是在目前的情况下，我们只能……”或者“我以前也是这么想的，但是后来我发现……”要知道，学会艺术地说“不”，首先就要懂得运用“但是”。

（4）动之以情，晓之以理地说“不”

当你学会拒绝的艺术时，你会懂得最好的拒绝不是以不近人情的说教来劝服人，而是给对方提一些他能够接受的，同时又是对自己有利的建议。曾经有一位销售壁纸的小姐，她的一位顾客订了一种壁纸，销售小姐为她提供了很好的售后服务，送壁纸到家，并帮她贴好，工作刚刚完成，这位顾客突然打电话来要求退货，她说因为她丈夫不喜欢这种壁纸，所以她改变了主意，想要另一种图案的壁纸。这位壁纸销售小姐没有马上拒绝，她说："张太太，我很抱歉您先生不喜欢您所选定的壁纸的颜色，但我们已经按照订单将壁纸贴好了。我虽然不能退您钱，但是可以在新壁纸的价钱上，给你相当的优惠，而且我们愿意免费为您去除旧壁纸。除了这个办法以外，也许过段时间你可以说服您先生，您买到的是最好的壁纸，是现在非常流行的图案，而且颜色也很适合你们家。"后来的结果是，这位张太太不再坚持退货，而且不久她又从这位销售小姐手里买走了另一种壁纸。

（5）用提出有效建议的方法表示诚意

在工作上，如果想不冒犯对方却又需对其请求拒绝，你可以提出一些具体的建议来表明自己的诚意。比如，同事提出请求帮忙时，你可以说："这份报告我不能代替你来写，但是两个星期后的那个计划我可以帮你。"而不要敷衍同事说："这次帮不上忙，下次吧。"这样对方会认为你根本就不想帮忙，谁知道"下次"是什么时候呢？

对于做销售的人来说，要将一个斩钉截铁的回绝转变为绝佳的顾客服务，实在是一种高级艺术。方法就在于你应该提供对方好几个有用的替代方案。某销售人员在拒绝顾客的供货时间要求时说："我无法在下周二的时间里把所有的货送到，但是我有两个其他替代方案：我可以在下周二提供给你部分货物，剩余部分在星期五交清；或者我也可以在下周二把货物准备好，请你自己来提取。"这样客户有了选择的余地，他会感觉到你是在为他着想。

（6）说明拒绝的理由，再把可行的条件讲出来

"不"是一个让人从心里反感的字眼，它对人、对事皆会产生一定影响，所谓拒绝的艺术就是尽可能将一个黑白分明的字眼转为有层次的灰色。只要你在说“不”的同时，清楚阐明何种情况下才是可行的就可以坚定地拒绝对方，而又不至于听起来不合理或顽固不化。以在银行工作为例，对于要求增加贷款而实际上又达不到要求的客户，可以用以下的理由来拒绝：“我们无法扩增您要求的5万元的贷款额度，但是这一次我们可以先为您提供1万元的临时贷款额度，等我们之间的业务往来达到一定数量的时候，我们可以再考虑增加您的信用贷款额度。”“我们不能提高您的贷款数额是因为您有延迟还款的记录。如果您愿意，我可以在半年之后再检查您的信用记录。这样您就有充足的时间，结付一些未清的款项。届时我们再讨论您的申请。”

同样，在恋爱中，善于用非拒绝的语言来拒绝对方的请求，也是很讲究艺术的。

①寓否定于模糊语言。含糊其辞在恋爱口才中意义非凡。女朋友穿一条裙子，自觉漂亮，在你面前得意地转了一圈后问你：“美吗？”你不仅不认为美，还觉得有点难看，于是你含糊其辞地回答：“还好！”只要对方是稍有灵气的女孩，便能体会这句话的真正含义。

②寓否定于肯定。你的女友希望你给她买件像样的衣服，于是暗示你：“瞧，人家穿的衣服多漂亮，是男友送的。”但你觉得本季节她的衣服已经够多了，说不，女友会觉得你很小气，怎么拒绝？于是你说：“的确美，不过我赞赏苏格拉底的一句话：女性的纯正饰物是美德，不是服装。”话的表面并未拒绝，但对方绝不会认为你是同意了，问题在不了了之中解决，谁也不会感到难为情。

③寓否定于感叹。你的生日，他送你一套衣服。鲜艳了些你不喜欢。他问：“喜欢吗？”你若直截了当回答不喜欢，精心挑选过的他此时一定会觉得很伤心。可以回答：“要是素雅些就更好了，我比较喜欢浅色的！”这样婉转的说话易于让人接受，而且也提出了你自己的要求。

④寓否定于商量口气。恋人希望你陪她参加朋友的一次聚会，可你觉得目前不便或不妥。于是你用商量的口气说：“现在实在没时间，以后行吗？”

⑤寓否定于玩笑。通过开玩笑的方式来否定，既可以达到目的，又可以避开拒绝的无情。譬如，你男朋友邀请你“上门”，你觉得时机尚未成熟，不可盲目造访，这时你可问：“有什么好吃的吗？”你的男友会列出几样东西来，于是你接着说：“没好吃的，我不去。”这是巧妙的玩笑，男朋友当然不会以为你是真的嫌没有东西吃，他也会知趣的知难而退，但又不觉得尴尬。

9. 拒绝别人的禁忌

在日常生活中，对于你无能为力或者不应该做的事，千万不要勉强自己。《论语》上说，君子和而不同。既要保持原则，又要照顾人情，的确，这是一件有些棘手的事，但是只要适当运用些技巧，看清拒绝的禁忌，相信，结局会好得多。

之所以说拒绝是一门艺术，是因为它比我们的想象要复杂得多。有些人对于拒绝不加修饰，直来直去，随口而出，结果不难想象，必会招来意想不到的麻烦和纷争。

（1）忌与对方套近乎

给人以“敬而远之”的态度，比较容易把“不”说出来并说得较好，或者说，对方试图与你套近乎，你要保持头脑清醒，以免做了感情俘虏，给对方可乘之机。一般说来，见一次面就能记住别人名字的人，常容易与人接近，故此，在交谈中不断称呼别人名字，并冠之以“兄”、“先生”等常产生亲近感，那么，反过来你想说“不”时，便应杜绝这种亲密的表示，即对方的名字一概不提，这样加大对方心理距离，容易说“不”。还有，谈话时尽量距离对方远些，使其不容易行使拍、拉等触动性的亲密动作。据心理学家研究，“触动”是很容易产生共同感受的，故想说“不”时应注意避免亲密感。另外，最好也不要触摸对方递过来的东西。东西也和人一样，一经“触摸”也会产生“亲密感”，想要拒绝就不容易了。当然，这种方法需要灵活运用，把握好分寸，千万不要让别人下不了台，如果是那种别有用心的不善者，当然就要另当别论了。

（2）忌用借口来拖延说“不”的时机

有些人觉得不便说“不”，便随便找些不值一驳的理由来暂时搪塞对方，以求得一时的解脱。这个方法并不好，因为对方仍可以找理由跟你纠缠下去，直到你答应为止。比如你不想答应帮他做事，推说：

“今天没有时间。”

他就会说：

“没有关系，你明天再帮我做好了，事情就拜托你了。”

又如你不想要对方想转让给你的一件衣服，你推说：

“钱不够。”

那么对方会说：

“钱以后再说好了。”

就把你轻易应付过去了。或者你不愿意跟对方跳舞，推说：

“我跳不好。”

那么他一定会说：

“没关系，我慢慢带着你跳好了。”

因为这些都是小小的谎言，一经反驳，你定有所慌乱，你的拒绝就难以坚持下去了。所以对付这种情况，你倒不如直截了当地用较单纯的理由明确地告诉对方：

“你托办的这件事办不到，请原谅。”

“这件衣服的颜色我不喜欢，很抱歉。”

“我已经另约了舞伴，不能跟你跳，对不起。”等等。

这样柔中带刚，刚中带柔，理由单纯明快，不给对方可乘之机，倒可以免除后患。

第六章　我为人人，人人为我

得到大众帮助的人成功就大，得到少数人帮助的人成功就小，得不到人们帮助的人，没有能侥幸成功的。我为人人，人人才能为我。自己不帮助别人，还想别人帮助你，无异于等着天上掉馅饼。

1. 不要算计人：算来算去算自己

天天想算计别人的人，最终肯定会被别人算计。做人要有“心机”的目的不是用心机去算计别人，而是用“心机”去保护自己，以防被他人算计。

社会上就是有那样一帮人，心术不正搞歪门邪道，以堵塞别人的道路，破坏别人的成功为乐。让许多人深受其害，抱怨这些人真会算计。这样的人古已有之。

从古到今，有这样一类人，就是自己没有本钱，靠帮别人出谋划策，从而分一勺羹。春秋战国时有一家，就叫纵横家，专门吃这碗饭，而且不管主子是谁，朝秦暮楚，一样地效力。后来也多叫门客，叫幕僚，叫师爷，叫谋士。现在也有，非正式的称号叫策划。一个熟人搞了台电视节目，把你挂在策划这一档上，可见策划是非正式职务。上电视标出你是策划，纵没有实惠，也有点面子。

会算计的人就是这帮人里的伪劣产品，他们既称不上纵横家的“家”，也算不上走私犯之类的“犯”，在专家们与罪犯们之外，生活在我们中间，就是人们常说的“会算计的人”。会算计的人，虽无专长，但也能算计来一官半职。只是当官不会为民解忧，但会把别人干的功劳归自己；自己不会写小说写诗歌写散文，但会写批判文章，把别人的成果一笔抹杀；自己不会盖楼房，但会找两个钉子户，让你连地基也甭想打……这类人，不显山露水，好处捞够了就行。这类人犯错也不会大。这类人总占好处，得名得利，但到头来也什么都没留下。这类人你见过，我见过，他也见过，像蚊子苍蝇虽说闹不了大事，但也绝不了种。

当然，存在的就是合理的，这种人也不是没有“好处”的。

有了会算计的人，才会有被算计的成功。远的说李白、杜甫，李白仕途不达，杜甫功名不就，乃有李杜诗名千古传；近的说鲁迅，若不是那么多人算计围剿，哪有这举世无双的鲁迅杂文？

有了会算计的人，我们会增长许多生存能力。学会与这类人打交道，一不上火，二不生气，也会知道什么东西不值得让你变得与这类人一样下作。该丢的丢了就是，该舍的舍它而去，并不使你活得更差。因此，你不妨把此类人当做心理健康教师，让你时时有个标准：这样做会让我也变成“这类人”了吗？

有了会算计的人，社会也有了一个“环保信息”。蚊子苍蝇闹不了大事，但蚊子苍蝇成了气候，得了势，那就说明这里有了腐败之气了，可以下大工夫清除这些垃圾了。所以，做人不要算计人，你的“心机”都用于正道，一样可以有所作为，功成名就。去做一个小人，不但事业不成，还会留下骂名，实乃做人的大失败。

2. “世故”不是有心机的表现

成熟是真正的“心机”，世故则是快腐烂的“心机”，玷污了“心机”的含义。做人要积德，就得要成熟而不要世故。

生活中，大多数人觉得做人很难，人们渴望自己早一些成熟起来，可往往却又无法分清成熟与世故的界限，陷于世故的泥坑。

怎样区别成熟与世故呢？

成熟者能看到社会或人生的阴暗面，却不被阴暗面所吓倒，表面上沉静而内心却有一腔热血。因为面对阴暗面，有不平而不悲观，既坚信希望在于将来，又执著于今天的努力。世故者也看到社会的阴暗面，但他们分不清主流和支流、本质和现象。他们因为曾在事业、理想、生活、爱情等方面遭受过打击或挫折便冷眼观世，觉得人生残酷，社会黑暗。

在生活中，成熟与世故的具体区别如下。

（1）真诚与虚伪

成熟者知道社会是复杂的，因此人的头脑也应当复杂些好。遇事要自己思索，自己做主，不轻信，不盲从；与人交往，考虑复杂些而不失其赤子之心，“和朋友谈心，不必留心”；如果遇见不熟悉的人，“切不可一下子就推心置腹”，因为这样既不尊重自己，也不尊重别人，可以多听少谈，真正了解后才可以敞开交流思想。这是鲁迅先生待人的经验之谈。世故者由于过多地看到人生和社会的阴暗面，因而错误地认为人世间没有真诚可言。与人做“披纱型”的交往，犹如信奉伊斯兰教的妇女披上自己的披纱一样，把自己的内心世界封闭起来。对人外热内冷，处事设防，奉行“见人只说三分话，未可全抛一片心”的处世原则。同友相交，虚与周旋，别人的事自己探听尤详，自己的事隔墙难闻，说给别人听的，尽是些“不着边际”的话。

（2）互助和利用

成熟者在处理人与人关系上，坚持互惠互利，互帮互进的态度，有福共享，有难共当，患难时见真情。世故者考虑问题时以利益为先，交往的热情则同于己有用之程度成正比，即使是对同一个人也不例外，犹如果戈理小说《死魂灵》中的主人公乞乞可夫一样，在刚当小职员时，百般讨好巴结上司的麻脸女儿，当博得上司的好感，当上了科长，站稳了脚跟之后，便马上翻脸不认人，那个痴情的姑娘便成了他愚弄的对象。

（3）坚持原则与看风使舵

成熟者遇事头脑冷静，坚持原则，有主见，自己该干什么仍干什么。世故者观风向，看气候，见什么人说什么话，投人所好，八面玲珑，采取“随风倒”的处世方法。就如有人所刻画的那样：当世故者同多愁善感的人交际，便把自己打扮成多愁善感的人，说话时，眼睛里有时还会泪光闪闪，转身同性格多疑的人交际，他又会俨然装得深沉起来，与对方一起分析别人如何有可能损人利己，奉劝对方应采取何种态度来对付；而同率直爽情的人谈话时，他又会马上变得疾恶如仇，马上为朋友打抱不平，两肋插刀；然而同喜欢息事宁人、凡事调和的人在一起时，又显示老谋深算，久经风霜的样子，把那些正直的举动说成“简单”和“幼稚”，仿佛发生的一切麻烦都是因他不在场而造成的。逢人迎合不吃亏，他中有我成“朋友”是变色龙者的秘方。

（4）直面现实和玩世不恭

成熟者对事敢于发表自己的意见，敢作敢当，有“舍我其谁”的大丈夫气概，往往小事糊涂，大事清楚。世故者游戏人生，采取滑头主义和混世主义态度，专搞中庸，惯于骑墙。他们和人可以谈天说地，但只是摆现象，不下结论，迫不得已时也有些不言而喻的，“大家早已公认”的结论。遇有原则问题需要辨明时，则莫问是非曲直，要不然就是模棱两可，说些怎说怎有理的话。与人意见不一时，便以“今天天气……哈哈哈”的态度加以回避。所以世故者往往不动声色地冷眼旁观一些事情，不惹是非，明哲保身。

（5）奋进与沉沦

成熟者和世故者也许都经历过生活的艰辛、人生的磨难。但前者把挫折当成奋飞的起点，重新认识社会与自我，奋进不已；后者则盲目的否认和憎恶先前的一切，或者干脆对一切无所谓，乞求超脱社会，也许还会同恶势力同流合污。

成熟是人生的一种气质，而世故则是人生的一种疾病。世故的人在交往中被人们认为太有“心机”。实则不然，这恰恰是没有“心机”的表现。他们让人不可靠近，不愿意靠近，造成了做人的失败。

3. 以德立身，泽己及人

做人要有道德，这毫无疑问，做人要有“心机”，这也没有问题，这二者看似矛盾，其实是和谐统一。

人的品行、德行就是“德”，自古“才”与“德”并重，形容一个人最好的词语就是“德才兼备”。

一个品行不端、德行糟糕的人不可能结识真正的朋友，获得长久的事业成功。这样的人很难有人能与之长期合作，因为这种人不是搞一锤子买卖，就是过河拆桥；这种人在家庭中，也会做出不道德的事情，极有可能造成亲人的痛苦和不幸；他们还甚至可能因为某种利益的驱动，铤而走险而落入法网……

要走向成功，需要以德立身，这是一个成功者必须确立的内在标准，没有这个内在的标准，人生之路就会失去支撑，最终导致失败将是必然的。

但必须知道，以德立身，还必须以自律为前提，一味讲“哥儿们义气”并不在以德立身之列。俗话说：“近朱者赤，近墨者黑”，在社会上，缺德之友最终会成为自己成功路上的定时炸弹。

例如，明知这笔贷款不合手续，但因为对方是朋友，所以大开绿灯；明知这个项目不能担保，因为受朋友的委托，所以还是办妥了。诸如此类经济犯罪案件多数发生在年轻人身上，他们重朋友、讲义气，交往中自以为彼此很了解底细，因此在合作中绝对信任对方，毫无防备，不能办的事也不好意思拒绝，这样，如果被缺德之人利用，必然会毁了自己的前程。

以德立身贯穿于每个人的人生全部过程，是一个人做人最根本的原则。在人生的不同阶段，道德对于人的要求虽有着不同的变化，每个人体验和经历的内容也不一样，但是，“以德立身”的人生支柱是不变的，它对每个人人生大厦起着支撑作用的定律是不变的。

富兰克林是美国资产阶级革命时期民主主义者、著名的科学家，一生受到了人们的爱戴和尊敬。但是，富兰克林早年的性格非常乖戾，无法与人合作，做事经常碰壁。

富兰克林在失败中总结经验，他为自己制订了13条行为规范，并严格地执行，他很快为自己铺就了一条通向成功的道路。

①节制：食不过饱，饮不过量，不因为饮酒而误事。

②缄默：讲话要利人利己，避免浪费时间的琐碎闲谈。

③秩序：把所有的日常用品都整理得井井有条，把每天需要做的事排出时间表，办公桌上永远都不零乱。

④决断：决心履行你要做的事，必须准确无误地履行你所下定的决心，无论什么情况都不要改变初衷。

⑤节约：除非是对别人或是对自己有什么特殊的好处，否则不要乱花钱，不要养成浪费的习惯。

⑥勤奋：不要荒废时间，永远做有意义的事情，拒绝去做那些没有多大实际意义的事情，对于自己的人生目标永不间断。

⑦真诚：不做虚伪欺诈的事情，做事要以诚挚、正义为出发点，如果你要发表见解，必须有根有据。

⑧正义：不做任何伤害或者忽略别人利益的事。

⑨中庸：避免极端的态度，克制对别人的怨恨情绪，尤其要克制冲动。

⑩清洁：不能忍受身体、衣服或住宅的不清洁。

⑪镇静：遇事不要慌乱，不管是普通的琐碎小事还是不可避免的偶然

事件。

⑫贞洁：要清心寡欲，如果不是有益于身体健康或者是为了传宗接代，尽量少行房事。绝不做任何干扰自己或别人安静生活的事，也不要做任何有损于自己和别人名誉的事情。

⑬谦逊：要向耶稣和苏格拉底学习。

要抵得住享乐的诱惑，要抵得住金钱的勾引，不要有非分之想，不为别人的行为而动，不为别人的言论而动，也不可能有任何诱惑和利益使你去做你明明知道是邪恶的事情。

道德没有统一的标准，德的前提就是尽量帮助别人，做有利于自己和他人的事，而不损人利己。这些看似无“心机”可言，实是做人最长久的“心机”。

4. 讲义气要有底线

做人重友情讲哥们儿义气当然重要，但遇事只讲义气而鲁莽失去理智，千万要不得。这就需要有“心机”，理智处理一切，别到头来忙帮不成，还惹来朋友怨恨，弄得两头不是人。

为朋友两肋插刀，这种义气谁都有。义气是做人交友的原则，但我们往往看到，有些人仅为了义气就失去了理智和“心机”，这是非常危险的做法。义气也有原则，讲义气也要有所取舍，盲目的义气要不得。

其实我们为人处世有两条原则，一是以做好事为标准，二是以处好人为标准。

有人把前者作为最终目标，而有人却以后者为目标。如果以后者为目标，那么他的一切将以讨好别人为出发点，以情面为准则，这种人是肯定做不好事的。

光凭着义气行事的人就是以处好人作为他毕生的目标，似乎这一辈子有许多哥们儿朋友夸他够义气，他也就心满意足了。这是很不足取的。

俗话说在家靠父母，出外靠朋友。朋友间的互相帮助是情理之中的，但如果其中掺入“义气”两字，就会发生危险。有的人能清醒、理智地对待问题，那么当互帮互助和原则问题发生冲突时，就能以遵守法则为重；而如果一味以义气为重，那就可能会因为重义气而违反法律，到头来是害了自己。这样的例子是举不胜举。

要把义气之害减到最低程度，首先，要学法。把法律牢牢地记在心头，当你冲动的时候，它会及时浇水灭火，让你理智，让你清醒。其次，要养成不轻易承诺的习惯。有些人是因为要面子而随口承诺别人，然后为保面子而铤而走险，结果是丢大面子。所以要保面子就要舍得丢小面子，在开始的时候要考虑清楚；有时，犹豫一下是好事。

5. 为他人着想其实就是在为自己着想

在物理上，力与力的关系中有一种是作用力与反作用力的关系，若用到人际关系中，就是你给别人付出多少，你也就能收获多少。

我们在物理课上都学过作用力与反作用力的理论，这个理论指出，当你向一个物体施加多大力时，这个物体将反作用给你一个完全相等的力，这一原则同样可以从物理学上应用到人际交往中。事实就是这样，当你对别人的尊重多一分时，别人对你的尊重也在增长。

以下由两个著名谈判专家所讲述的小故事也许可以说明这个原理。

我和一位同事去曼哈顿出差，由于在那天早上的第一个约会前有一点时间，我们可以从容地吃顿早饭。点完菜之后，我的同事出去买份报纸。过了 5 分钟，他空手回来了。他摇摇脑袋，含糊不清地小声骂街。

“怎么啦?”我问。

他答道：“我走到对面那个报亭，拿了一份报纸，递给那家伙一张 10 美元的票子。他不是找钱，而是从我腋下抽走了报纸。我正在纳闷，他开始教训我了，说他的生意绝不是在这个高峰时间给人换零钱的。”

我们一边吃饭，一边讨论这一插曲，我的同事认为这里的人傲慢无理，都是“品质恶劣的家伙”。他以后再不让任何人给找 10 美元的票子了。饭后，我决定去试一试，让我的同事在饭店门口看着我，我横过马路去。

当报亭主人转向我时，我和顺地说：“先生，对不起，我不知道你能不能帮个忙。我是个外地人，需要一份《纽约时报》。可是我只有一张10美元的票子，我该怎么办?”他毫不犹豫地把一份报纸递给我道：“嗨，拿去吧，找开钱再来!”

我兴高采烈拿了“胜利品”凯旋而归。我的同伴摇摇脑袋，随后他把这件事称为“54街上的奇迹”。

我顺口说道：“我们这次出差又多得一分收获，一切在于方法。”

事实正是这样，尊重他人是做人的“心机”和策略，这样你会和陌生人之间保持一种融洽的关系。在这种情况下，就能建立起公平和信任，并能互相交换实情、态度、感情和需要。有了这种自由的相互影响和共同分担后，就可以找到创造性的解决办法，从而使双方都成为胜利者。

另一个故事发生在20世纪40年代中期，已故的休斯制作了一部电影《被剥夺权利者》。电影主演是珍·拉塞尔，一位漂亮的浅黑色女郎，半露的高耸乳峰给人留下很深印象。这个电影可能已经被人忘记了，但是电影的广告牌也许还记得。拉塞尔仰卧在空中的一堆干草上。

那时候休斯迷上了拉塞尔，以致跟她签订了一个一年一百万美元的雇用合同。

12个月之后，她合理合法地说：“我想要我合同上规定的钱。”

休斯声明他现在没有现金，但有许多不动产。女明星的立场是她不听这些辩辞，她只要她的钱。休斯继续向她说明他现在现金周转不灵，要她等一等。而拉塞尔一直指出合同的法律性，上面清楚地说明年底付款。

双方的争执看来是没法和解的，他们以竞争性的敌对面目出现，于是都通过自己的律师在交涉，原先的亲密关系变成了胜败的斗争关系。外界谣传说，只有通过法律程序来解决了（请注意，这位休斯就是后来的环球航空公司为产权争议花过120万美元诉讼费的人）。如将这一冲突诉诸法律的话，谁将获胜，也许律师是唯一的胜利者。

这一冲突后来是怎样解决的？事实上，拉塞尔很聪明地对休斯说，“啊，你我是不同的人，有不同的奋斗目标，让我们看看我们能不能在互相信任的气氛下分享信息、感觉和需要呢?”他们正是这样做了，于是以合作者出现，结果使他们之间的纠纷得到了创造性地解决，满足了双方的需要。

最后把原来的合同改为每年付 5 万，分 20 年付清，合同上的金额不变，但时间变了。结果休斯解决了资金周转困难，并获得本金的利息；另一方面，拉塞尔的所得税逐年分期交纳，并且会有所降低，有了20 年的年金收入，她就不必为每日的财务问题操心了。

两个人的相互尊重使双方既保住了面子，又取得了胜利。要记住，当你跟休斯这样的怪人打交道时，即使你对，你也胜不了。就个人的不同需要而论，拉塞尔和休斯都是胜利者。他们都明白打官司解决不了任何问题，反而会损失更多，两个人也都是聪明的，采取了和平的方式才使双方都取得了胜利。

6. 为人宽厚是做人的大智慧

得饶人处且饶人。人与人之间平等相处，共同生活在这个世界，本无大的利害冲突。“不饶人”可以把小事变成大事，这样会增添许多不必要的麻烦，对谁都没有好处。所以做人要学会宽容厚道。

做人有宽容之心是品质高尚的表现，这一点毋庸置疑。但见到别人做了不好的事，却要替他掩藏几分，这似乎就与人们惯用的处世原则相抵触了。而明人吕坤还认为这样的浑厚待人，可以使自己胸怀宽阔。自然有人怀疑吕坤，可是一点错也没有，这是做人的一种大智慧，古人曾多次运用。

古代南宋有一个叫沈道虔的人，家有菜园，种有萝卜。这天，沈道虔从外面回家，发现有一个人正在偷他家的萝卜，他赶紧回避开，等那人偷够了，走了以后他才出来。又有一次，有人拔他屋后的竹笋，沈道虔便让人去对拔竹笋的人说：“这笋留着，可以长成竹林。你不用拔它，我会送你更好的。”他让人买了大笋去送给那人，那人羞惭地不肯接受。沈道虔就让人把大笋直接送到了那人家里。沈道虔家贫，常带着家中小孩去田里拾麦穗。偶尔遇上其他拾麦穗的人相互争抢麦穗，他就把自己拾到的全部给争抢的人，争抢的人非常惭愧。

曹操的曾祖父曹节素以仁厚著称乡里。一次，邻居家的猪跑丢了，而此猪与曹节家里的猪长得一样。邻居就找到曹家，说那是他家的猪。曹节也不与他争，就把猪给了邻居。后来邻居家的猪找到了，知道搞错了；就把曹节家的猪送回来了，连连道歉，曹节也只笑笑，并不责怪邻居。

这两则故事里的古人，都为“别人不好处”掩藏了几分。沈道虔和曹节表面看来，无是无非，甚至显得窝囊懦弱。但实际上，却显出了他们宽大厚道的为人。偷萝卜拔笋争麦穗，是不好的行为，但也是人穷家贫的无奈，何必深责？替他掩藏几分，反倒能使他自惭改过。邻居错认猪，尽管有自私一面，但失猪对一般人家也毕竟是大损失，情急之下错认，也可以理解。古人一心为他人着想，宁可自己吃亏，正是胸襟宽阔、与人为善的体现。

需要明确的是，吕坤所说的“掩藏别人不好处”，是掩藏“别人”——我们的邻居、同事、朋友的一般过错，特别是针对我们自己所犯的过错，是“人民内部矛盾”，而绝不是包庇犯罪之类的事，这两者是不能混为一谈的。

对同事的一般“不好处”不采取粗鲁方法来公开揭穿打击，而是厚道待人，是要让其自己惭愧反省，否则，就有可能伤害同志的自尊心，甚至使事情恶化。

没有根据，就随便猜疑他人的不好，这不是说明我们缺乏对他人的最基本的信任，缺乏仁爱浑厚与人为善的宽大胸怀吗？

做人原本是很简单的事情，互相猜疑、猜忌把原本简单明了的问题变得复杂了。而稍有一点宽厚之心，就可缓解人与人之间的矛盾，何乐而不为？

7. 我为人人，人人才能为我

要给自己留个台阶，就得给别人施恩，这是古往今来做人的大道理。

辅佐周朝建立起不朽功业的姜太公，对周文王说："天下不是一个人的天下，而是天下人的天下。同享天下利益的人而得天下，独占天下利益的人失去天下。"又说："获得大胜不是靠斗争取得，指挥大兵而没有创伤，与鬼神相通，微妙啊！微妙！与人同病相救，同情相成，同恶相助，同好相趋。所以没有用兵而能取胜，没有冲锋而能进攻，没有战壕而能防守。不想取得百姓的人，却能取得百姓；不想取得利益的人，百姓得到利益；不想取国家的人，国家得到利益：不想取天下的人，天下得到利益。"把他人的忧虑当做自己忧虑的人，人们也忧虑他的忧虑；把他人的快乐当做自己快乐的人，人们也快乐他的快乐；以利帮助人们的人，人们也以利帮助他；以道德对待人的人，人们也以道德回报他。这就是人之常情。

古代哲人说："喜爱人们的人，人们也常常喜爱他。恭敬人们的人，人们也始终恭敬他。"所以说爱人也就是爱己，利人就是利己，助人就是助己。成就他人就是成就自己。反过来，刻薄他人就是刻薄自己，毁谤他人就是毁谤自己，损害他人就是损害自己。这是千古不变的规律。

古代做大事成大功的人，都是有"心机"的人，因为他们能成大德，得万民。能得到大众的相助，就能得到天助。所以说："帮助他人就是帮助自己，周济他人就是周济自己。"又说："辅佐帮助人的人，天赐福给助福于他人的人。"这就是想成就天下大功的人，所以要先求得帮助于人的道理。

得到大众帮助的人成功就大，得到少数人帮助的人成功就小，得不到人们帮助的人，没有能侥幸成功的。得到家乡帮助的人，可以取得乡地；得到人民帮助的人，可以取得国家；得到天下帮助的人，可以取得天下。要想得到别人的帮助，就必须先帮助别人，吃亏在前享福在后。所以牺牲自己以服务于家庭，服务于朋友，服务于社会，服务于民族、国家，服务于全天下的人生观养成了，就必然使自己的思想意识表现在行动上，并使这个行动在日常生活中成为习惯、准则，便会出于自然、发于至诚，就像有天赋的本能行为一样。

要想成大事，必须有“无我”的世界观，我为人人，人人才能为我。自己不帮助别人，还想别人都帮助你无异于等着天上往下掉馅饼。

8. 冤家宜解不宜结

人与人之间，或许会有不共戴天之仇，但是，请记住：敌意是一点一点增加的，也可以一点一点削弱。中国有句老话：冤家宜解不宜结。同在一个屋檐下，低头不见抬头见，还是少结冤家方显做人成熟。

人与人之间难免会有过结，有“心机”的人会大事化小，小事化了。但化解敌意需要技巧。

“如何化敌为友”，在办公室的战场上是一门高深学问。

同事曾经与你为一个职位争得头崩额裂，不过，今天你俩已分别为不同部门的主管，虽然没有直接接触，但将来的情况又有谁晓得？所以你应该为将来铺好路。

如果你无缘无故去邀约对方或送礼给他，太突兀，也太自贬身价了，应该伺机而动才好。例如，从人事部探知他的出生日期，在公司发动一个小型生日会，主动集资送礼物给他……记着，没有人能抗拒好意的。

要是对方擢升新职，这就是最佳的时机了，写一张贺卡，衷心送出你的祝福吧，如果其他同事替他搞庆祝会，你无论多忙碌，也要抽空参加，否则就私下请对方吃一顿午餐吧，恭贺之余，不妨多谈大家在工作方面的喜与乐，对过往的不愉快事件绝口不提，拉近双方距离。

记着，这些亲善工作必须在提前抓紧机会去做，否则到了你与他有直接麻烦才行动，就太迟了，也只会予人“市侩”之感。

你本着默默耕耘、尽忠职守的原则做事，可是公司里的同事有了变化，旧同事已另谋高就，新同事愈来愈多，竟与他们有格格不入之感。因为你一直以来不太注视周遭的人事变化，没有刻意与他们熟络所致。

补救的方法不困难，拣一个特别日子（目的只是师出有名），例如顺利完成一个计划或你的生日，做东请同事吃一顿。这一顿意义重大，别忘记以下任务：乘机多了解每一位同事的背景，包括公与私，这对你有莫大好处，方便日后工作。

凭着熟络一点，加入他们的午饭圈，当然不必天天如是，这样既太突兀，也对你未必太适合，安排一个星期两天就够了，目的是保持一定的联系，同时可获取公司里一定的情报。除了午饭，下班后去娱乐一番也是好主意，远离了办公室，所有人都会放轻松，谈起话来也随便得多，更易熟络。

此外，公事方面，无论多熟稔，还应公事公办，但自己有空，不妨多向同事伸出援手，主动一点是必须的！

人是感情的动物，在愉快的气氛下工作可收事半功倍之效，不妨多关心别人，体贴别人，增加亲切感，做起事来就更好办。由今天起，努力做个受欢迎的同事吧！成功的你，将来获升迁的机会也相继大增！

笑容是最犀利的武器。当你托同事把文件做妥，说声“麻烦你”，加一个笑容，他会被你的友善感染，特别努力；或者同事把做好的计划书交给你，别忘记谢谢他和微笑一下，这不但是礼貌，亦是感谢的表示。任何人都喜欢得到赞美。说一些别人爱听的话，只要不是谎话，便不算埋没良心。切莫对同事大叫大嚷，这不但不礼貌、不友善，还表示你缺乏信心。

即使你遇上难解的死结，情绪低落极了，更需要微笑，抛开烦恼，跟同事们谈笑，借此把恶劣心情冲淡，使精神集中于工作。

不要自扫门前雪，若同事需要你的帮忙，不应吝啬，尽力而为吧，即使不会立刻获得回报，但你的投资是不会白费的，起码他会认为你是大好人。

如果你做错了事，且影响到别人，快道歉！勇于认错的人并不多，这样做自然给对方留下深刻印象。还有，处处设身处地去感受他人的心态，再给予支持，没有人会不喜欢你的。

你与某同事在某事上持不同意见，又互不相让，以致言语上有冲突，你自问是过分坦白惹事。而你最失败的一点是，曾列出了过去三个月来，这位同事做过的所有错事。如今，你感到后悔不已，希望把坏情况扭转，并愿意向对方道歉，可是，同事似乎仍处于极度失望和苦恼当中，让你歉疚更深。

其实，最佳和最有效的策略是，向他简单地道歉：“对不起，我实在有点过分，我保证不会有下一次。”

要是你重提旧事，企图狡辩些什么，只会惹来另一次冲突，同时，显得你缺乏诚意，人家日后再也不会相信你了。记着，你的目标是将事情软化下来，与同事化敌为友。所以，最好静待对方心情好转或平和些时，正式提出道歉。

所谓冤家路窄，你的死对头，或者曾经结怨者，被调派到你的部门来，且和你工作关系密切。事实既然摆在眼前，你必须好好处理之。

要你忘记怨恨，是不可能之事。但有几项原则，是要遵守的。

无论哪一次结怨，谁是谁非，也不要介入工作的讨论范围里，从此只字不提，以免双方公私不分。要是对方先触着疮疤，请平心静气，紧盯着他道：“我不会记着过去不愉快之事，尤其是在工作时间内，避免影响自己情绪。”

摆出大公无私之态。或许你过去与拍档工作，一切讲默契、讲信赖，但对这位新同事，就必须事事讲清楚，以免有所误解，导致不愉快事件，或心病愈重。例如交代一件任务，必须清楚指出任务的目标、完成日期和报告书的规划等，切莫想当然。

总之，你要抱着冤家宜解不宜结的准则来对待一切人和事，没有人会拒诚恳于千里之外。

9. 君子成人之美，不乘人之危

成人之美是君子的行为，这方显做人之成熟，而小人，多乘人之危，落井下石，也显做人之世故。

孟子说："尧把需要舜这类的贤人当作自己的忧虑，舜把需要禹、皋陶这类的贤人当作自己的忧虑，农民把百亩田地耕作不好当作自己的忧虑。把财物奖赏给他人就是恩惠，把美好的品德传授给他人就是忠诚，为天下推荐贤才就是仁义。所以把天下委托给他人容易，为天下寻求贤才就困难。"能为天下选得人才的人，不仅要使一人归服，而且要使天下人都归服，使后代人也归服。

要想取人，就要运用"心机"，成人之美，称人之善。孔子说："君子成人之美，不成人之恶，小人则相反。"又说："毁人的善以为善，狡奸怀诈以为智，希望他人出过错，耻于学习又羞于无能，这就是小人。"称赞人的长处，成就人的美德，都能使人产生一种由衷的喜悦。

掠人之美，作为自己的美；贪人之功，作为自己的功；窃人之善，作为自己的善，这都是应该严格警戒的。颜之推说："凡是有一个字可取于人的人，都要显示他称赞他，不能偷窃他人之美作为自己的美。"李翱说："古代的君子，对于他人的善，害怕不能知道；既知道了，又耻于不能称赞他；能称赞他，又耻于不能成就他。"

要想做到这样，就得依靠大功力、大涵养，并深深地体会到我称赞人们，人们也会称赞我；我成就他人，他人也会成就我；我为人人，人人为我是哲理。要成人之美，就要善于推举人，善于成就人。成就他人之美，也就是说他人有计划、有图谋、有事业、有作为、有请求，只要我力所能及，都给予支援、同情、帮助，促使他功成业就。千万不可你为你，我为我，不肯为他人出力量、出财物，袖手旁观，让他去自生自灭、自成自败。

要想到他的成就就像我的成就，他能立就像我立，这就是为天地间造成人才的大度。推举的人不及我，推举之后要使他赶上我，再使他超过我，即使居我之上，也没有忌妒之心。这才是成人之美的君子作为。

为天下举才，就要为天下惜才，这只有大德大仁的人才能做到。从领袖人物的角度来说，更需要这一点，把为天下选拔人才作为自己的第一件事来做。鲍叔牙推举管仲，致使齐桓公称霸天下。

宋朝时期，王沂公掌管大权，所有升官的人，都要经过他挑选才行。范仲淹乘机讽刺他说："使天下士人得到重用是宰相的责任，王沂公的盛德唯独缺少这一条。"王沂公说："执政而想使恩归于己，这个怨恨归谁呢？"范仲淹佩服他的这句话，后代的人也承认这种说法。

李方做宰相时，有来求职的，见他的才不可用，就正色拒绝他。已经选用的，或是不能用，必然和颜悦色地待他。学生们问原因，他回答说："用贤才，是君主的事，如果接受了他的请求，这就是施恩，所以我一概拒绝，使恩归君主。他得不到取用，就大失所望，如果没有好的语言来对待他，就是取怨之道。使他知道不能成就的原因，更加勤勉地进取。"从这里，我们可以看出他的宏大温和，忠公体国，成人之美，也成全了自己的名声。

第七章 有一种胜利叫“后退”

宠辱不惊，看庭前花开花落；去留无意，望天上云卷云舒。

心态决定一切，有好心态就活得潇洒。

做人若能达到“宠辱不惊”的境界，那么不管遇上什么大事难题也会无所畏惧，哪怕天塌下来，也一样能应付自如。

1. 追求淡然——人生的高境界

做人要有简单的心态。追求功名利禄的人，整天考虑的是他人对自己如何如何评论，必然活得累；自觉追求淡然恬静的人，自然是荣辱毁誉不上心，按照自己的原则做人，做个古人所说的："没事汉，清闲人"。

"没事汉，清闲人"看似没有什么"心机"，实际上可隐藏着做人的大学问。

"没事"与"清闲"强调的是一种自由，精神上的自由。不管外界有多少有形无形的枷锁，精神意志却是自由的，"泽雉十步一啄，百步一饮，不蕲畜乎樊中，神虽王，不善也"。山鸡宁愿走十步或百步去寻到饮食，也不愿被关在笼子里做一只家鸡；帝王虽然神圣，却也有苦恼。这一点，与西方的"存在主义"代表人物萨特似乎不谋而合。萨特在他的《苍蝇》一剧中，借众神之神朱庇特之口说："神与国王都有痛苦的秘密，那就是——人类是自由的。"

诚如卢梭所说："在所有的一切财富中最为可贵的不是权威而是自由，真正自由的人，只想他能够得到的东西，只做他喜欢做的事情。""放弃自己的自由，就是放弃自己做人的资格，放弃人的权利，甚至于放弃自己的义务。"当然，自由不是随心所欲，任何自由都是有限度的，有规则的，所谓"绝对的自由世界"纯属子虚乌有。

说到底，自由就是顺心尽兴，但能顺心尽兴不是随心所欲，为所欲为，而是有追求，不贪心，心性不可太盛，要奉献，但不亏心。要顺和，但不违心，不同流合污。所谓有追求，不贪心，心性不可太盛，就是说，人生无论宏大的还是微小的，总要或总在追求什么，完全浑浑然无所求的人几乎没有。人要生存，要生活，就要有一定的物质保证，以满足起码的生存需求。适当的物质追求是天经地义，无可厚非的。即使功名利禄，只要是付出所得，似乎也应受之无愧。但若对于这些东西的需求，变成无止境的追求，并以此作为人格追求，价值追求，必然会贪心不足蛇吞象。即使一次评职称，一次调级，一次提干没能满足，甚至其中有明显不公，也不可耿耿于怀，伤心劳神而穷追不放，甚至于放肆撒泼。这样既无面子，又不宜养生。

与人相处得理时，别咬住不放，得饶人处且饶人，尤其那些非原则的小事不要太认真儿，闹得不欢而散。如此日久天长，就成为“有人缘”的好人。但是生活是复杂的，处处有矛盾，事事有原则。

经验告诉我们，心愿与现实常常阴差阳错，或歪打正着。你想当演员，各种因素却同时把你定在工人的位置上，成不了“星”还得钻地沟。但只要肯努力，抱定希望，不断充实自己，“是金子早晚会发光”，“天生我才必有用”。“哀莫大于心死”，只要“不死心”，精诚所至，金石为开，最起码也落个精神自由，在精神世界里汪洋恣肆、自由腾飞。

生活就是如此简单，只要你愿意做个“精神漫步者”。

还是卢梭说得对：“人的自由并不仅仅是在于做他愿意做的事，而在于能够做他不愿做的事”。把做事，做人分开，才会有更广阔的天地。

2. 千万别自我封闭

做人要成功就不能自我封闭拒绝一切。人生活在群体之中，必须适应社会懂得合群。做人就要有坦诚的心态，以真诚的心去与人交往，以“心机”来设计人生，而不能得过且过。

有一位女孩，读高中一年级。随着青春期的到来，她慢慢地产生了摆脱父母的心理，开始有自己的书房和小书桌，每天偷偷地写日记，藏在抽屉中，不让妈妈看。她希望用自己的内心去体验世界，可是面对纷繁的现实世界，繁杂的人际关系以及沉重的学习压力，又感到一种内心的不安全感。于是，她开始变得孤僻，害怕人际交往，在内心中产生一种莫名其妙的封闭心理。有时，一个人跑到小河边望着宁静的河水流泪，顾影自怜。她渴望与同学进行交往，羡慕其他同学快快乐乐，无忧无虑地参加集体活动，可她却又害怕主动与别人交往，还抱怨别人对她不理解、不接纳。

自我封闭是一种非常可怕的心态，与外界隔绝，孤单寂寞，生活在个人小圈子，难以与人交往，发展到一定程度，就成为一种心理疾病。

自我封闭的原因有以下几个。

第一，过分自尊的心理。世界著名心理学家马斯洛的自我实现心理学，提出了人的自尊需要。其实，每个人都希望自己得到公众的尊重和喜欢，但是这种自尊的需要仅仅是自己本人的一种希冀，能否在事实上得到，则取决于公众对自己言语、举止、行动的评价和肯定。如果将自尊的需要作为一种行动去指导自己的行为，这本没有理论上的错误。问题是这种自尊心理不能过分。一个人在社交中过分自尊心理占据指导和支配地位，就会怕自己的行为是否失当，怕人们会怎么看待自己。甚至有时会因为过分自尊心理之故，而不愿与比自己强的人交往，担心相比之下，会掉自己的“价”，失去自尊。如此思来想去，就会把自己封闭起来，不与外界往来，孤家寡人，慢慢地就难以适应现代社会了。

第二，自卑情绪。自卑是人们对自己虚设的一种自我否定，也就是说“自己瞧不起自己”，缺乏自信和自强。这种心理一般表现为害怕失败，或者说不能正确对待失败。日本有学者研究认为有自卑感的人，一般属于下列十种类型之一，或是合乎其中两种以上。

①为了追求超过限度的愿望而心焦气躁。

②由于乞求赞赏的愿望太迫切，不时行之于言表。如未如愿，反过来责备别人。

③产生自己是十全十美的错觉，因而自以为能够产生本身产生不了的力量。

④企盼做出超出能力的事，由于达成无望，因而经常消极地嘲笑自己。

⑤曾经在竞争上输给别人，却一直难以忘怀。

⑥被别人的成功所压倒，叹息“鸿运”没有降临到自己头上。

⑦没有测量自己的尺度，总是以别人的尺度测量自己。

⑧逢人便说：“我的工作条件不好怎能成功?”借此逃避自己的责任。

⑨经常担心被别人看穿了自己的烦恼，因此与人接触总是戒意在先。

⑩不敢面对缺乏能力的自己——刻意逃避自己，事实证明，有自卑感的人，总是畏畏缩缩，社交时自然“不战自败”。

第三，羞怯心理。怕羞者常常担心自己被别人否定，他们总是把别人看做是自己的法官，这样一来，跟其他人在一起就会感到不自在。特别是和名人或比自己水平高的人交往，这种“不自在”好比芒刺在背。久而久之就会把自己封闭起来，不与他人往来。

第四，愚昧无知。一位西方心理学家指出：“愚昧是产生惧怕的源泉，知识是医治惧怕的良药。”例如他人正在谈论的一个话题，如果一个根本不知晓此类问题的人，在这种社交场合下，他若不是介入谈论，就会明白地告诉他人自己是无知于此道；若是介入谈论，便会由于无知而“出丑”，所以这种进退维谷的局面，便会使他封闭自我，不参与社交，孤立于一隅。

要成功做人，就要克服上述心理障碍，正确认识自己，勇敢面对社会，面对他人，走向成功人生。

①要有社交成功的愿望。只要你想进入大家的圈子，想成为社交的一员，想受到大家的欢迎，想有许多朋友，你就会努力去学习社交，你就会调动你的一切智慧去掌握社交的技能，你最终就会学会社交。

②要敢于表现自己的长处。每个人都有自己的长处，只要你相信自己有能力去和别人交往，你就会发展自己的长处，不断地显示自己的长处，你就会吸引别人的注意，你就会找到自己的志同道合者。不要怕自己不行，要相信自己会比别人做得更好，只要你有自信，你就会使自己的长处得到充分的发挥。

③在别人面前承认自己的缺陷与不足，不但不会丢脸，反而会赢得别人的尊敬。每个人都有自己的短处，敢于承认自己的短处的人是最勇敢的人。很多人不敢在别人面前承认自己的缺陷和不足，就害怕别人看不起他，其实“头上的烂疮疤盖是盖不住的”，只有承认它的存在，才有改正的可能。另外，每个人都有不足，你承认自己不足也没有什么可丢人的。相反，你承认自己不足大家会认为你是个诚实的人，值得信赖，就会愿意结交你，和你成为朋友。

④多与别人交谈，敞开心扉，能容他人，他人也就能容自己。话是开心的钥匙，只要与人交谈就会收到交际的效果。多与人交谈就会渐渐地敢于说出自己的心里话，就会与人坦诚相待，就会容许别人发表自己的见解，彼此相容就会达成一致，就会建立友谊，你也就学会了交际。

只要你真诚地对待别人，不掩藏，不惧怕，不怕羞，就会走出自我封闭的阴影。其实，外面的世界是很容易接触的。

3. 自我吹嘘最令人生厌

吹嘘的心态很正常，每个人都会有，有人吹嘘可能也是逞一时之痛快，无心而出，所以一定要抑制这种心态，以防遭人嫌弃。

每个人都有表现欲，有了成绩总希望别人知道，最好能受到赞美，这种心理很正常，但是你要知道每个人都讨厌别人的吹嘘。有涵养的人会顾着你面子，假装微笑，假装欣赏，而你可千万别认为每个人都这么有涵养。大部分时候，你不会那么幸运。很多人会在你吹嘘自己的时候冷不丁地刺你一下，把你自我吹嘘时不小心露出的漏洞给捅出来。

喜欢自我吹嘘的人很容易给人以不忠实的感觉，给人留下不好的印象。如果你去面试，想得到一个好的工作，如果怕短时间内不能把你的优点和成绩全告诉对方，于是拼命地显示自己的好，把自己大大吹嘘一下，那么经理会认为你这个人好大喜功，做事肯定不踏实。如果有这样的印象，那你肯定没戏了。

喜欢自我吹嘘的人经常会有意无意地贬低别人。有时候，你并没想到要贬低别人，但在说话时一味强调自己，旁人听了就会感觉到你在抬高自己、贬低旁人。在办公室年终小结的时候，轮到你发言，你一口气罗列了几十条成绩，有些确实是你的成绩，但肯定有些是共同的成绩，你也揽在自己名下，你的同事当面不会说你什么，但会在投票选先进的时候，给你一个零分。

喜欢自我吹嘘的人往往缺少团队、协作精神。他们喜欢表现自己，喜欢抢功劳，喜欢争名夺利。在需要协作完成时，他们首先会尽可能地一个人干，不行的话，他们会在过程中有意识地分清你我，让别人清楚，哪些是自己干的。有能力干倒也无妨，最可恨的是那些干起事来缩在后面，干完事以后抢在前面的人。当然他自己不喜欢集体，集体也不会喜欢他，所以，喜欢自我吹嘘的人往往是孤独的。

喜欢自我吹嘘的人也容易自我陶醉，容易得意忘形，也容易忽视别人。稍微有点能耐的自我吹嘘者很是自以为是，在自我陶醉时，当然也最容易忘乎所以，导致做事的过程中漏洞百出。

我们都知道自我吹嘘不讨人喜欢，自我吹嘘的人也往往会在孤独中体会到这一点。所以在说话之前，首先，凡事多为别人考虑一下。千万不能在名利面前太贪，需分清彼此，最基本的是不能抢别人的功，如果能让一些给别人，那就更好了。但不管如何，切记在你张口的时候要先说别人的功和名，然后再提自己那份。

其次，要时刻提醒自己：成绩是大家有目共睹的，再说就是画蛇添足了。其实有的人被人冠以“自我吹嘘”，也是有点冤枉的，因为他们说的还都是实话，只是喜欢在别人知道以后还不厌其烦地说自己的成绩。其实，即使别人没看到，但迟早会知道，你不必担心成绩会马上消失。有的人是生怕不是所有的人都知道。要记住：别人传你优点要比你自己去说可信一百倍。如果你能在你做了好事无人知晓的情况下，一言不发，那你就成“圣人”了。

做人有“心机”就要有这种心态：我们做事不是为了给别人看的，而是为了自我充实，自我满足。如果凡事都要别人肯定，自己才能高兴，那也太可悲了，毕竟活在别人的“眼光”里是很累的。

4. 平和面对逆耳之言

做人要有平和的心态：对逆耳之言，能够接纳；对悦耳之言，能够自持。这样的人才能胸藏"心机"，成就伟业。

人总是希望听到赞美之词，但是在社交场合中，当你在毫无准备的情况下突然听到逆耳之言时，好多人就不知道该怎么办了。有的人这时往往是怒从心头起，有的人还会发作出来。其实，任何人都不是完美的，或多或少都有自己的缺点，不能用十全十美的标准去要求别人或苛求自己。当你遇到上述情况时，下面三种做法，比较适当，可以参考。

第一，不失态。当逆耳之言向你袭来时，在某种意义上正是考验你做人态度和处世修养的时候。当然，你若能做到安之若素是最好的了。可事实上人们又往往不易做到这点，逆耳之言会在你的内心激起强烈的反应，这种反应又会表现在面部表情上。应该说这种内心和外表的变化都是正常的，但是这种变化应该有个限度，这种限度就是一个人的分寸感、素质、修养的结合体。应该把这种限度控制在一定的情理范围之内，如果超出这个范围，就是表现失常，这种失常的表现就是失态了。一个人的失态往往是在感情冲动的情况下发生的，严重者会失去自控能力。这些都是在社交场合应竭力避免的。

第二，不失言。听到逆耳之言，感情一冲动，一失态，紧跟而来的就是失言。失言只能引起激烈的争论，使矛盾升级，这样很容易伤害对方的感情，同时也造成自伤。建立相互信任难，破坏这种信任则很容易，而一旦被破坏要重新建立就更难了。在人为地造成尴尬的局面时，应以一种相互谅解和理解的方式进行沟通。听到逆耳之言时，应冷静地多想想对方的话是否有根据，应采取一种得体的方式作答。

第三，不失礼。失态、失言必然会带来失礼。平心而论，对你提出意见和看法，本身就是对你的一种尊重，你应该对他表示感谢。至于对你有某些误解，你可以通过努力去改变和消除，如此方显大度，不失礼于人。

控制自己的感情，以平和的心态对待逆耳之言，不意气用事，这样才能不失风度，应对得体，尊重对方也尊重自己。

5. 与其勉强不如放弃

谁都不愿意吃夹生饭，但在社交的有些场合，常遇上欲罢不能，只能勉强应付的尴尬境地，与其强扭在一起，不如退却则海阔天空。

在人际交往的过程中，每个人都会碰到一些性格怪异、孤僻的人，对这些人，你即使施展了浑身的解数，也无法跟他们接近，或者性格怎么也合不来，或者是猜不透他们的脾气，不知什么时候就冒犯了他们。与这种人交往，与其勉强不如放弃。

如果客观上即使不和这种人交往也还过得去，或者无论怎样与对方交往也得不到什么益处（包括精神和物质上的），那么就干脆和对方断交算了。因为我们不可能也没有必要跟所有的人都保持良好的关系。如果所有的事都能干好的话，那肯定是天才人物。虽然无论和谁交往都应该真诚对待，但如果交际对双方都没有什么好处的话，还是不交际的好，还不如把精力转移到与其他人的交往中，因为十减一还有九，百减一有九十九，少了一个并不会破坏你的整个人际关系网。

正像当前中国的企业改革一样，如果国家去全面地抓好全国所有的大中小企业，势必分散精力，而且国家也不可能把所有企业都搞好。所以还不如来个“抓大放小”，抓住关系国计民生的大中型骨干企业，其他由其自谋生路，这样从整体经济效益来看，比全面抓还要好。人际交往也是这个道理，要处理好整体与局部、主要和次要的关系。

这种人实际上是看得出来的，你稍微有点“心机”就会发现那些无论什么时候都笑眯眯的，既不恼怒也不发火，只是缄默不语，让别人单方说话的人很难交往，因为这种人深不可测，即使你费劲地跟他结交，也只能是干着急。对这种人你可以敬而远之，或只表敬意而不主动接近。不过，你没有必要对其恼怒进而怀有敌意，因为被对方觉察到的话他也会对你产生敌视态度，我们又何必自己去树一个敌人呢？

有时在一个公司里，碰到一个自己十分讨厌但又不得不与其打交道的人，这真是件不幸的事。这时候可以采取敬而不近的策略，表面上对其十分尊敬，但没有必要对其大献殷勤，随便敷衍过去就行了。不过，还是要忍耐，等待有利时机，扮演好“喜在脸，厌在心”的角色，不能被其觉察出来。这时你可能会说：“这样生活多累啊！”确实，活着不易，要活得好更是难上加难，如果只是任由自己性子去干而不“委屈一下”自己的话，是难以处理好人际关系的。

6. 难得糊涂

糊涂是一种心态，一种做人的智慧。世上许多事，本没有搞那么清楚的必要，得过且过，偶尔糊涂几下又有什么大碍呢？

人们一向认为混沌就是世界的本源。在东方，中国有盘古开辟天地之说，有夸父身化万物之说，说明世界原本是混沌一片，无所谓天与地，亦无所谓真与假；现代科学也论证了，最初的地球上没有空气与生命，最原始的生命体在雷电中产生，在海洋中生存发展，尔后才进化成现在这样的大千世界。

人类社会的发展也是从混沌空间走向明晰和精确：数字逻辑的严密、物理化学的缜密实验和论证、仪器仪表的精确完美。但是就在这精确与严密中，人们发现了人生的苍白与无奈，连人也成了一部精确的机器，凡事斤斤计较，凡事追求因果必然。

一切都清楚明白使事实反而更加苍白无力，雾里看花的效果才是最好的。在艺术审美中，所谓的“神秘”和“空灵”，所谓的“尽在不言中”，所谓的“不着一字，尽得风流”，正是模糊朦胧产生的巨大效果。

追求精确是没有止境的。研究物质组成，人们发现了分子；深究分子组成，又发现了原子；分析原子结构，又发现了电子和原子核……今后还会有人继续研究下去，但世界的无极与太极，使人们犹如闻到香味而去追寻黄油一样，无休止地追求下去，但每前进一步都将显得更艰难和代价的昂贵，人们如一架精密仪器在为了寻求准确而工作。

但是，什么是“精确”本身就很模糊，人们认识到“精确”的无限，于是转而研究模糊，这反映了人类认知过程的巨大转变和飞跃。混沌学、模糊理论产生了。人们高兴地发现，精确远不如模糊更符合事物的本原。而且这门科学亦开始应用于洗衣机、电脑信息产业等领域，前景广阔。

由此可见，人类的总体认知过程，包括世界本身恰似一螺旋：从混沌开始，归于混沌，中间走过了数字和精确。科学正返璞归真。

天道人事，从终极意义而言，无不归于混沌，归于糊涂。

自清朝文坛奇人郑板桥写下“难得糊涂”这一千古不朽的名言之后，“难得糊涂”便成了许多人的人生箴言、座右铭和行动指南。

历史发展到今天，呈现出纷繁复杂、变幻万千的万花筒般的景象，在这样光怪陆离的大千世界里，很多人处在事业未竟的悲哀、爱情失败的痛苦、人际关系复杂的苦恼与管理头绪的混乱之中，世界虽未走到尽头，但失望、沮丧的情绪却笼罩了这个纷乱的世界，于是乎，“难得糊涂”的书法作品四海泛滥，糊涂的学问五洲尊奉。然而对于糊涂学这一古老的命题阐释，正可谓“百家争鸣”、各有千秋。

其实，糊涂学并非神秘的高深莫测的学问，可以说，它是人生随处可见的学问，回望我们祖先所创造的灿烂的传统文化，他们早已为我们解决了这个困惑，提供了各有侧重而又相互贯通的答案。

儒家说：“‘限我’是糊涂。”

道家说：“‘无我’是糊涂进。”

佛家说：“‘忘我’是糊涂。”

兵家说：“‘胜我’是糊涂。”

每个人对于糊涂，都有不同的理解，每个人也会悟到不同的真谛。

糊涂是大智若愚、宽怀忍让；是大勇若怯，以柔克刚；是处事不悖，达观权变；是外乱内整，内精外纯；是有所不为，而后有为；是宠辱不惊，是非心外；是得意淡然，失意泰然；是宽宏大量，不计前嫌；是不为物喜，不为己悲；是乐天知命，顺应自然；是淡泊名利，知足常乐；是与世无争，宁静致远；是居安思危，未雨绸缪；是保静养神，清心寡欲；是沉默是金，寡言鲜过；是谤我容之，侮我化之……

难得糊涂，人才会清醒，才会清静，才会有大气度，才会有宽容之心。说到这里，你总会明白了吧？我们说的“难得糊涂”就是不糊涂。所以，“难得糊涂”也是做人的一种“心机”啊。

7. 不达目的不罢休

任何人做人做事都有自己的目标，但要想成功就要有一如既往、不达目的不罢休的心态。

鸟无翅不能飞，人无志不成才。治学成才，贵在立志。我国古代的大教育家、大思想家孔子十分强调立志在治学成才中的作用。他说：“吾十有五而志于学，三十而立，四十而不惑，五十而知天命，六十而耳顺，七十而从心所欲，不逾矩。”正因为孔子在十五岁时就立下了治学成才的雄心壮志，并且终身为之奋斗，因此才取得了“三十而立，四十而不惑”，“七十而从心所欲”的结果，使他成为一个古今中外闻名的大教育家、大思想家。

有了远大志向，就要去实现它。德国的歌德在《浮士德》中说：始终坚持不懈的人，最终必然能够成功。但在今天的现实生活中，不少人恰恰就是缺乏这种始终向前的精神，以至终生浑浑噩噩。可见，立志对一个人的成长、对事业的发展是何等重要。

清朝末年，清政府决定修筑京张铁路时，外国工程师声称，如果没有他们，这条铁路就不可能问世，断言：“要走这条路，只能永远骑骆驼。”中国铁路工程师詹天佑挺身而出，勇敢地担起这副重担，立志依靠自己的力量在祖国的大地上铺出一条路来。当他决定京张铁路要通过尽是悬崖峭壁的吴沟地区时，外国工程师又惊奇地议论纷纷，有的甚至说：“中国能修筑吴沟铁路的工程师还没有出生呢！”但是，有着强烈爱国心和自信心的詹天佑，大志既立，不怕冷嘲热讽，迎难而上。这条铁路原定六年的时间修完，在詹天佑和中国工人的努力下，只用四年时间就完工通车了，而且工程费用还结存了二十八万余两银子。这是第一条中国人自己修的铁路，它长了中华民族的志气，同时，也是詹天佑志向的成功。正是这坚定的志向，给了詹天佑顽强的毅力和必胜的信心。

为达到一个既定的目标而拼命努力，这与美国哈佛大学心理学教授霍金的理论一致。他说："人性中具有一种企图与自己集中注意力的目的物同化的倾向。"

在日常生活中，一个人想得到某种东西或达到某种目的，只要以"精诚所至，金石为开"的态度，并每时每刻地为如何得到这种东西而努力奋斗，那么，他便会在不知不觉中达到自己既定的目标。总之，除非有精诚所至的态度和为达到目标而付出的坚忍不拔的努力，否则他将是很难达到目的的。

有首诗说得好：

肯做必然成，不做必不成。

凡事若不成，乃在不做人。

做人不要做那种言语的巨人，行动的矮子；那种只有三分钟热度，奋斗一阵子，在困难和挫折面前退却的人。那些朝三暮四、朝秦暮楚、兴趣经常转移的人，是不可能做出什么成绩，不可能成为杰出的人才的。

8. 知足常乐

知足和不自满并不矛盾，想要有很好的心态，必须把二者有机结合起来。实现了现在的目标，可以瞄向下一个，但不要贪婪。给自己定好位，知足也是向上的动力。

你我都曾见过这种人：在大庭广众之间双目昂视，面色凛然傲气冲天，旁若无人。还有一种人，就怕人不知道他才高八斗，无论走到哪儿，说不上三句话，便开始为自己宣传，即使做谦虚之态，亦是以退为进，并无诚意。

这样的人可能有过人之处，但他的不凡和智慧一定不是最高，因他居然悟不出人外有人，天外有天，学无止境，三人行必有我师之类的真理，犯了量小易盈、自满自大的毛病，是让与他相对的人很难承受的。

还有一种人，眉眼之间洋溢着和平的神气，动不动笑容满面，说起话来风趣横生，不忧不怨的人，是属于知足常乐的一型。

自满与知足从字面上看来，仿佛都是对自身情况感到满意的反映，事实上内心的出发点和外在的表现给人的感受，却是大大的不同，其间境界的高低更是差之千里。而从根本上说，知足也罢，自满也罢，与外在客观条件并不一定有相互的关联，一个人自觉得生活到这个程度，于愿已足，并不代表他的生活真的一定就无懈可击，样样可打满分，主要是他能衡量自身的能力，正视客观的条件，不妄想不贪求，也不去与他人比高下，能够以宽容坦荡的心去对待生活，使自己的人生不受外界的影响和干扰，顺命随缘地和平渡过。

那些骄傲的人，真的都是那么自信、骄傲，对自身的一切都心满意足，自认高人一等吗？如果你肯仔细分析，也许会吃惊地发现，事情恰恰相反。

依心理学上的说法，那种处处要表现自己的不凡，就怕谁人不知他的出类拔萃和光荣历史，无法克制地要以骄傲的面孔示人的人，常常是心理上欠缺安全感、满足感，或自怜狂在作祟的人。因为缺少安全感、满足感，便相对失去了自信，因此便急于要在别人的赞美或惊叹声中找回信心，证明确实如自己所希望和所幻想的那样不同凡响。骄傲、自满、目中无人，是由于反常心理在后面推动，不但予人极坏的印象，也是一种十分可悲的病态。

知足常乐的人也往往会给人错误的印象。譬如，今天的社会无处无时不在竞争，名、利、权，永嫌不足，争得到的趾高气扬，争不到或争得不够的怨懑颓丧，你却不争，不怨，亦不说酸溜溜的话去损别人，仍然乐呵呵地过日子，说不定有的人就会认为你是胸无大志，没出息或没能力，很可能由此就看轻了你。

但这有关系吗？对你的人格和能力有损伤吗？我想答案是否定的。知足并不代表不进取、不进步或拒绝竞争，而仅仅是表明了一个人对本身的存在，和对这个与他人共处的社会的态度。可以说是洞察人间百态，看透世事无常后的一种大彻大悟后的坦荡胸怀。

懂得知足的人才能常乐，不与人比，坚持自己的原则，不怕比别人好，也不怕比别人坏，不用处心积虑，每天都拥有真正的快乐。

9. 有一种胜利叫“后退”

不能拥有就不要强求，退一步不是消极，而是为了更积极地进取。古人有云：“临渊羡鱼，不如退而结网”，说的就是这个以退为进做准备的道理。

世界上的每一个人，生活不可能处处都是鲜花，成功之路也不可能一帆风顺，我们也不可能事事都比别人强。

那么，在我们的人生不是一帆风顺的时候，在我们的人生出现一些挫折的时候，在我们的面前不都是鲜花的时候，我们该怎么办？

这时候，不妨后退一步，你会发现海阔天空，人生照样美好，天空依然晴朗，世界仍是那么美丽，你会得到很多东西，而不是失去。

①做生意，原本想能赚一百万，由于种种原因，最后只有十万到手。这时候，你后退一步想想：毕竟没有赔钱。当然了，退不是逃，你得总结一下，那九十万是怎么未到手的。

②公司里人事调整，你原想这次肯定升职，可宣布各部门人选的时候，你侧着耳朵听也没听到老板念你的名字。这时候，你先别生气，后退一步：毕竟没有被炒鱿鱼。然后想自己为什么没有被提拔，如果的确不是自己的错，那就是老板没长一双慧眼，没发现你这颗珍珠，那损失的是老板而不是你。让他遗憾去吧！

③单位里职称评定，你差一点就评上了。的确可惜，但再可惜也没用了。这时候，你后退一步：这次差一点，下次就一点不差了。那么，回去再努力一年。这一年，你的成绩可能会大大令人惊讶。

④被公司老板给炒了。这肯定不如你炒他心里那么痛快，老板炒你肯定有他的理由，但你别去问，一问显得你没劲。你后退一步：毕竟只是被老板炒了，而不是被坏人杀了，只要大脑在，双手在，天下的老板多的是，老天爷还饿不死瞎眼的家雀呢。没有工作了，有许多路等着呢。

⑤做股票，这只股票本来可以赚 5 万元，由于贪心，只赚了 5000 元。你别光骂自己蠢，后退一步：毕竟还赚了 5000 元，而不是赔了 5000 元。下次不要再太贪心就是了。要是这次赔了 5000 元，也后退一步：毕竟只赔了 5000 元，而不是全赔了进去，下次不犯类似的错误，再赚回他 5 万元就得。

⑥生病。已经生病了，心情肯定不会很好，但心情不好对你身体的恢复只有坏处没有好处，因而尽量使自己不要沉迷在生病不好中不能自拔，后退一步：毕竟只是生病，那就趁这个机会好好休息一阵，平时难得有这样的机会。

人生在世，不如意的事情肯定会有，因为世界毕竟不是你一个人的世界，造物主尽量要公平一些，不可能把所有的好事都摊到你的头上，也要适当考验考验你，看看你在不顺的时间会是一种什么样子。如果你反应过激，他还会继续考验你，直到你能以一种平和的心态去看待、对待一时的不顺或者挫折。

退一步去看待人生的不顺和挫折，并非是一种消极的心态。在有时候，你后退一步，寻找到一种海阔天空的人生境界，这也是一种积极的心态，也是做人的一种境界。

10. 离悲观的人远点

乐观是每个人都该拥有的好心态。乐观积极的人可以让我们学到很多东西，但聪明的人应该避免由于乐观带来的盲目。

实际上，乐观主义与悲观主义不仅对未来的看法截然不同，对自己与他人也采取不同的态度。

悲观的人对未来抱持否定的看法。他对任何事情总是做最坏的预测，在观察人的时候，他总是看到本质恶劣的一面、满肚子自私自利的动机。对悲观的人而言，社会是由一群狡猾、颓废而邪恶的人组成，他们总是想利用周围的事物为自己谋利。这群人既无法信赖，也不值得对其伸出援手。

对悲观的人谈起任何计划，他马上就会提出一连串有关这个计划的麻烦与障碍。而且他还会告诉你，即使圆满达到目的，最后只会尝到苦涩、幻灭与屈辱。经这么一说，你大概会立刻魂飞魄散、对自己的致富计划信心全无了吧。

悲观的人有很强的感染力。如果某天早晨，偶然在路上碰到他，他会立即将消极的态度与无力感传染给你。我们每个人的内心都有一种期待被唤醒、引诱的“倾向”。悲观的人能够巧妙地掳获这种“倾向”，借此实现其目的。

我们内心的“倾向”包括：第一，对未来的不定与恐惧；第二，我们与生俱来的怠惰，希望躲在自己的壳里不动。事实上悲观者的本质就是怠惰。他不愿努力适应新的事物，也不愿改变习惯。无论起床、用餐，以及度周末的方式，都要依照固定的模式进行。

一般而言，悲观者是吝啬的。推己及人，他认为既然每个人都那么贪婪、堕落，而且千方百计想占人便宜，自己又为什么必须宽以待人呢？他常常深怀忌妒，只要听他说话就知道了。

如果与乐观者相处那就快乐多了。他容易信赖别人，也愿意涉入险境。但他也能察觉别人的恶意或缺点，只是他不愿将之视为障碍而犹豫不前。他相信每个人都有优点，并努力唤醒别人的优点。

悲观者躲在自己的壳里面，甚至不愿听取别人的意见，认为别人都具有危险性。相反，乐观者关心别人，让别人畅所欲言，给别人时间，观察对方的所作所为。如此便能够了解每个人的长处、优点，因而得以团结、领导众人，共同朝某个目标迈进。卓越的组织者、优秀的企业家，都必须具备这种特质。

此外，乐观者也比较容易克服困难。因为他会积极寻找新的解决方法，在很短的时间内就把不利的条件转变成有利的条件。悲观者则会因为一下子就看到困难而心生畏惧、退缩不前。其实在很多情况下，只需要一点想象力，情况就会完全改观。

11. 修炼好心性

心性因年龄的增长而成熟，许多人因岁月流逝，人事更迭，更加体味到日常心态与生活的关系，因而修炼心性，心态也随之更加平和、完善。

所谓的心性，其实就是一个人的善恶成分，是好与坏，正确与错误，如何判断自我与外界关系的一种综合反映。

人是很奇怪的，对同样的一件事物，今天可能这样看，明天也可能那样看。人生中的某些艰难与不顺，甚至危险与可怕的事件，往往也就在“这样”或“那样”的心理上事先形成了。

说“事先”是因为人的动态左右了许多事情。世间的不少事，皆是人为形成的，是人的动念起因，决定了那个后果。人想去谋利，想去得名，或想去做贼，或想变得崇高，这些想，都是“事先”动念。念先有了，事才会跟上。

动了什么念头，想去往哪里，这就是心性了。心性好坏也看你做人有无“心机”。

长期以来，人们把个人的品行过于社会化，个人品行的好坏，在更多的时候，只被强调为一个人社会公德的如何。仿佛只有在公众的场合里，品行才能显示它的好坏，而对个体的自我无妨。

其实，心性最主要、最直接的，并不在于对外部他人的影响力，而最严重的，是对个人生活的影响。一个人的命运如何，做事的成功与否，生活得是否美满，乃至悲欢离合的遭遇，都是在这个“心性”之中，由这个心性在作怪。

心性健康的人，会注意到阳光、友情、温暖，寻找到欢乐，不缺乏自我安慰的办法，并有回避危险的能力。在这个自然的层面上，好心性的人，会把日子过得舒畅，就是遇到挫折，也能自我调整，能较自然地处在一种对事物的全面理解中。

这种心性，使人保持了一种健全的生活基调，人生的和谐也由此而生。

而心性糟糕的人，生活起来便会遇到问题，总是事多。往往也总处在不畅顺中，内心黯淡，日日阴郁。这种人，往往也是过分自利的人，人在过分自利的状态下，本身就是一种艰难，负担会很重。心性丑恶的人，自然常常存有不好的念头，生出不利于自己和他人的想法，容易走入褊狭，自身也会产生郁闷，步入迷雾，常与谬误为伴而不知。内心也总是阴云密布。这样的人，就是不做什么事，也已经活得很累，很不开心了。

心性自然是指人的内心，连我们自己也并不一定每时每刻都能够看得很清楚。好的心性与坏的心性，也不是随时随地都能区分开的。但它却明明白白作用着一个人对事物和生活的整体看法，指导着人的每一个行为，紧密联系着人的喜怒哀乐。人的情感往往就从这里出发。人生的幸福与不幸福，命运的畅通与否，甚至你到底能做多大的事，你的成功与失败，在长时间的过程中，往往都取决于你自己的心性。

为了良好的心态，为了自己的幸福与命运的畅顺，我们应该随时注意自己的心性，有意地修炼出一种好的心性，以作为生活的保障。

第八章 方中有圆，圆内容方

做人要有“心机”，就要懂得方圆之道，能够“亦方亦圆”。

一般来说，自然形成的都是圆的，人为修饰的都是方的。方为动，圆为静，方是原则，圆是机变，方是以不变应万变，圆是以万变应不变。外表要圆(大智若愚)，内心要方(清静明志)；对己要方(严于律己)，对人要圆(宽以待人)。有圆无方则不立，有方无圆则滞泥。做人若能亦方亦圆，方中有圆，圆内容方，就能够在交际中应付自如。

1. 忍耐应该有限度

"小不忍则乱大谋"，讲究做事的方圆之道，要想成大事必须暂时忍小痛，但是"忍"不能没原则的忍：不该忍的忍，那是懦弱的表现；该忍的不忍，那是鲁莽的作为。做人懂方圆之道，自然处忍与不忍于胸腹之中。

有的人确实是性格上天生温和、善良，但要注意从维护自己的形象和利益出发。心里要清楚，对什么人可以忍让，对什么人却不能忍让。如果你的忍让带点"讨好"的味道，那就大错特错了。靠忍让去换得别人的好感，大部分情况下是适得其反。除非你遇到一个非常善良的智者或者和你一样喜欢一味忍让的人。

一忍再忍，就会让人觉得你比较软弱，分不清是非。在忍让的同时，总会在是非问题上作些妥协，久而久之，你会发现有些时候自己也搞不清到底什么是对，什么是错。如果在原则问题上一再忍让，有时会害了自己。犯了错误，甚至以身试法，自己还蒙在鼓里。

忍久了，自己也会觉得很压抑。很少有人能非常轻松地、愉快地一再忍让别人。大多数情况下，在心里总要作一番斗争。忍让的次数越多，越是痛苦。这种压抑的心情会带来很大的副作用，最大的不利是损害健康。同时也放纵了别人，其实也是"害"了别人。一般来说，别人是不会把一再忍让当做适可而止的信号，相反却容易得寸进尺。妻子对丈夫越轨行为的一再忍让，只会使丈夫为所欲为，变本加厉，甚至他会某一天突然认为这是正常的。母亲对儿子不良行为的一再忍让，会使不懂事的孩子误入歧途。一再忍让可能导致最终结果的不可收拾，让人后悔不已。

喜欢一味忍让的人，应该告诉自己在适当的时候要警醒一下别人，或在关键时候予以回击，不要让自己的原则受到侵犯。对于一些善意的玩笑，一时过火的行为，忍让一下可以显示你的涵养，但对于那些一贯性的、污辱性的甚至无赖性的侵犯，忍让就等于绵羊投降于恶狼面前，这时候需要的是反抗。当然在此之前不妨先警示一下对方，以示你的风度。即使你也知道反抗的结果可能是断绝来往，甚至付出更惨重的代价，你也得奋力去做；即使你力不从心，或者可能遭来更大的侵犯，你也得坚强地去做，因为结果往往是邪不压正。不管结果如何，你都要从维护自己的形象出发，从拯救一个丑恶的灵魂出发，给予迎头痛击，让他知道，该如何尊重人。

2. 以柔克刚，老虎头上也能拍苍蝇

太岁头上动土，老虎嘴里拔牙是万万不可取的，但如果太岁和老虎要你的命，你还动不动，拔不拔？

杜月笙，旧中国上海滩著名的流氓大亨，十里洋场的“第一号闻人”和“工商界巨子”。其权势之显赫，甚至敢于在“太子”头上动土。

1948年夏，为扭转全国严重的财政经济危机，蒋介石特派儿子蒋经国督导上海地区经济管制，并组成了逮捕不法之徒的“打虎大队”。恰在这时，杜月笙的三儿子杜维屏因私自套汇港币45万元外汇，被蒋经国查获。蒋经国大为震怒，立即下令逮捕了杜维屏，这在上海滩引起了巨大震动。

对杜月笙来讲，从来只有“损”人，没有被人损过。对于蒋经国的下马威，杜氏门徒建议“老师”给蒋经国点颜色看看，让这位“皇太子”知道上海滩不是新赣南。但杜月笙却不动声色，既不向主管方面求情，也不跟亲朋故旧诉苦，反而一本正经地说：“国法之前，人人平等，杜维屏果若有罪，我不可能也不应该去救他。怕什么，我有八个儿子，缺他一个，又有何妨？”其实，杜月笙暗中却在窥探着反击的机会。

一天，蒋经国把各业巨头约到浦东大楼，准备对杜月笙施加新的压力。杜月笙明知是“皇太子”摆的“鸿门宴”却不便“拒邀”。会议一开始，蒋经国即正色道：“对这次币制改革，上海各界人士热烈赞助者很多，但有少数不明大义的人，投机倒把，囤积居奇，兴风作浪，影响国计民生。本人此次进行经济检查，若囤积物资逾期不放，一经查出，全部没收，并予法办。”

蒋经国的话显然是讲给杜月笙听的。岂料他的话音刚落，杜月笙即起立发言："我儿子违反国家的规定，是我管教不严，我把他交给蒋先生依法惩办。不过我有一个要求，也可以说是今天到会各位的要求，就是请蒋先生派人到'扬子公司'的仓库去检查检查。'扬子公司'在囤积货色方面尽人皆知是上海首屈一指的。今天我的亲友的物资被登记查封，也希望蒋先生能一视同仁，把'扬子公司'囤货同样予以查封，这样才服人心。"杜月笙还软中带硬地说："倘若蒋先生吃不准，我可以陪你检查。闲话一句，我身体有病，不能多坐了。"说完离座而去。杜月笙的发言犹如一颗重磅炸弹，语惊四座。工商界巨头们不禁暗中佩服这位大亨。杜月笙既然敢在老虎头上拍苍蝇，"皇太子"自然也不会示弱，他立即表示"扬子公司"如有犯法行为，决不宽恕。

顿时，"扬子囤货案"弄得满城风雨，街谈巷议，纷纷嘲讽蒋氏家族的丑闻。扬子公司原是一家"皇亲国戚"公司，孔祥熙的大公子孔令侃是这家公司的董事长兼总经理。孔少爷凭着他是蒋介石的外甥，根本不把"打虎大队"看在眼里。但杜月笙先发制人，蒋经国又不能按兵不动，遂下令查封了"扬子"之仓库。孔令侃立即向小姨妈宋美龄求援，哭诉蒋经国自相残害手足的举动。宋美龄在调解未果的情况下，又搬出了蒋介石。蒋介石听罢原委后，不禁埋怨起儿子来，认为他毕竟出道不久，怎么假戏真做，打"虎"打到自己家族头上来了，结果，扬子一案不了了之，杜月笙的三公子也早在此事了结之前出了监狱。杜月笙以柔克刚救子这一手实在是"辣"呀。而这件蒋宋家族财团和上海滩大流氓杜月笙之间钩心斗角的丑闻，给国人留下了笑柄。

3. 绝对不跟熟人做生意

方圆的人不跟熟人做生意，可能有人会纳闷：都说“熟人多了好办事”，你怎么会害怕熟人呢？

这就是方圆做人的技巧，因为是熟人，欠你的钱可以不给，因为是熟人，宰你一刀你也不好还价，因为是熟人，货不好了你也不好意思要退货……

俗话说，生意场上无父子。这句话之所以流传多年，时至今日仍在教诲我辈，就因为人们很难做到这点。毕竟，中国人的血管里流淌着东方人的亲情之血，在“义”与“利”的冲突中，往往是理智的“利”让位给感情的“义”。但在实际的商战中，以“义”代“利”不仅违背追求最大利润这一商界最高原则，也常常带来事与愿违的隐患。

1997 年 7 月的一天，小张的一个熟人跑到他这儿订一批办公用品。声称他的公司刚成立，贷款没下来，但新开张时费用超支，故先把货拉走，等开张后立即把货款送来。完了，还补上一句：“信不信得过我这个朋友?”话到这分上，小张不答应显然不合适了，但还是让他打了欠条，写明还款日期。

可是时间过去四年，小张熟人的公司早开张了，自行车变成了摩托车又变成了长安面包车。他也没有上门，更别说还款之事了。其间小张也打电话或直接上门找过他。一提欠款，他不是推说贷款没下来，就是大诉苦经。煞有介事的悲痛状，仿佛他刚从旧社会过来，你不拍屁股走人，再说下去，他就难免追到你家讨口饭吃似的。尽管有充分的理由，小张还不想拉他去对簿公堂。因为是“朋友”，不管你在法律上是否能取胜，在舆论上恐怕已经“出师未捷身先死”了。

还有一个故事。

一个熟人带了他的一个熟人来买一台保险柜，因为同介绍人关系挺好，小明亲自选了一台并让出纳按批发价给开了发票。那“二道熟人”当时也没说什么，只说第二天把支票送来。当时天近黄昏，小明便邀请两位到附近的饭店吃了晚饭。其实那顿饭已经超出卖柜子的利润。事过一星期，对方没把支票交来。出纳员便按名片地址找去。结果回来摊着双手说，见到了那位保安器材部的老板，他倒没说什么，只是他手底下的伙计抱怨买贵了。小明担心引起误会，当即赶了去，对那位仁兄坦诚相告：“我不可能靠这笔业务发财，也就没有必要把给你的价高出别的顾客，从而使自己堵上两扇门（还有一位介绍人）”。对方笑笑，竟提出一个大出意料的建议：“你干脆在我这里也买点东西吧！”顺着他的视线，小明看见他店里尽是警棍、手铐、警服、警帽，便遗憾地拒绝了。他有些失望，随即说：“这样吧，等两天手头松点就给你送去，就两天，行不行?”——“就两天”，便又成了一笔“烂账”。

当然，不要同熟人做生意，并非一成不变。但初涉商海便抱着靠自己的胆子、朋友的路子，一不小心就发了大财的想法却是危险的。最根本的是，既然置身商界，就应该严格遵循为商的原则进行“游戏”。不然我们的商旅生涯就像那首儿歌一样——“迷途的羔羊，寻着老狼的指引……”

4. 不必和小人划清界限

小人不一定愿意做小人，只是有时也迫不得已。如果我们以仇视的心去对待小人，跟他们划清界限，弄不好，我们也会成小人的攻击对象，成为别人眼中的“小人”。

“小人”每个地方都有，这种人常常是一个团体纷扰之所在，他们的造谣生事、挑拨离间、兴风作浪，很令人讨厌，所以有些人对这种人不但敬而远之，甚至还抱着仇视的态度。

仇视小人固足以显出你的正义，但在社会交往中，这并不是保身之道，反而凸显了你的正义的不切实际，因为你的“正义”公然暴露了这些小人的无耻、不义。再坏的人也不愿意被人批评“很坏”，总要披一件伪善的外衣，这是人性，而你特意凸显的“正义”，却照出了小人的原形，这不是故意和他们过不去吗？君子不畏流言不畏攻讦，因为他问心无愧，小人看你暴露了他的真面目，为了自保，为了掩饰，他是会对你展开反击的。也许你不怕他们的反击，也许他们也奈何不了你，但你要知道，小人之所以为小人，是因为他们始终在暗处，用的始终是不法的手段，而且不会轻易罢手。你别说你不怕他们对你的攻击，看看历史的血迹吧，有几个忠臣抵挡得过奸臣的陷害？

所以，和小人保持距离就好了，不必疾恶如仇地和他们划清界限，他们也是需要自尊和面子的。何况你也不可能完全“消灭”小人，因为“小人”是一种人性现象，而人性是亘古存在的，因此不如和他们保持一种

“生态”上的平衡。而且，有他们的存在，才能彰显你这正人君子的价值与可贵。另外有一点也必须了解，小人有时也会有一些“正义”，会不留情面地揭人隐私与不法，这对游走于法令边缘的人，未尝不是一种威胁。小人还是有某种存在价值的。

至于君子，你也不必去逢迎拍马，因为真正的君子一般都有洁癖，他们不喜欢这些非正道的行为。固然人都喜欢被奉承，喜欢一群人把他捧得高高的，但真正的君子会自省，一旦发现你是故意在奉承他，他基于洁癖，反而会故意疏远你，甚至生起厌恶之心，对你，这就弄巧成拙了。

所以，对真正的君子，保持你的不卑不亢就行了，这种君子反而欣赏你这种风格。

社会有时阴暗复杂，常令人不知如何举措，多听多看，谁是君子谁是小人，了然于胸矣！

5. 学会爱你的敌人

在已获胜的情况下，放对手一马，对手也许会心怀感激，在你不得志时，拉你一把。

人和动物有些方面是不同的，动物的所有行为都依其本性而发，属于自然的反应；但人不同，经过思考，人可以依当时需要，做出各种不同的行为选择，例如——学会爱你的敌人。

“学会爱你的敌人，”这是件很难做到的事，因为绝大部分人看到“敌人”，都会有灭之而后快的冲动，或环境不允许或没有能力消灭对方，至少也保持一种冷淡的态度，或说说让对方不舒服的嘲讽话，可见要爱敌人是多么的难。

就因为难，所以人的成就才有高下之分，有大小之分，也就是说，能当众拥抱敌人的人，他的成就往往比不能爱敌人的人高大。

此话怎讲?

能爱自己敌人的人是站在主动的地位，采取主动的人是“制人而不受制于人”，你采取主动，不只迷惑了对方，使对方搞不清你对他的态度，也迷惑了第三者，搞不清楚你和对方到底是敌是友，甚至都有误认为你们已“化敌为友”；可是，是敌是友，只有你心里才明白，但你的主动，却使对方处于“接招”、“应战”的被动态势。如果对方不能也“爱”你，那么他将得到一个“没有器量”的评语，一经比较，二人的分量立即有轻重，所以当众拥抱你的敌人，除了可在某种程度之内降低对方对你的敌意之外，也可避免恶化你对对方的敌意。换句话说，为敌为友之间，留下了条灰色地带，免得敌意鲜明，反而阻挡了自己的去路与退路；地球是圆的，天涯无处不相逢。

此外，你的行为，也将使对方失去再对你攻击的立场，若他不理你的拥抱而依旧攻击你，那么他必招致他人谴责。

所以，竞技场上比赛开始前，二人都要握手敬礼或拥抱，比赛后也一样再来一次，这是最常见的当众拥抱你的敌人；另外，政治人物也惯常这么做，明明是恨死了的政敌，见了面仍然要握手寒暄……

每个人的智慧、经验、价值观、生活背景都不相同，因此与人相处，争斗难免——不管是利益上的争斗或者是非的争斗。而这种争斗，在竞争激烈的工商界尤其明显。

大部分的人一陷身于争斗的漩涡，便不由自主地焦躁起来，一方面为了面子，一方面为了利益，因此得了“理”便不饶人，非逼得对方鸣金收兵或竖白旗投降不可。然而“得理不饶人”虽然让你吹着胜利的号角，但这却也是下次争斗的前奏；“战败”的对方也是一种面子和利益之争，他当然要“讨”回面子。

“得理不饶人”是你的权利，但何妨不“得理且饶人”？

何谓“得理且饶人”？就是放对方一条生路，让他有个台阶下，为他留点面子和立足之地。这太容易做到，但如果能做到，对自己则好处多多。

得理不饶人，让对方走投无路，有可能激起对方“求生”的意志，而既然是“求生”，就有可能是“不择手段”，这对你自己将造成伤害，好比老鼠关在房间内，不让其逃出，老鼠为了求生，将咬坏你家中的器物。放它一条生路，它“逃命”要紧，便不会对你造成伤害。

对方“无理”，自知理亏，你在“理”字已明之下，放他一条生路，他会心存感激，来日自当图报，就算不如此，也不至于毁了对方，这有失厚道，得理且饶人，也是积德。

人海茫茫，但却常常“后会有期”，你今天得理不饶人，焉知他日不会二人狭路相逢？若届时他势旺你势弱，你就有可能吃亏，“得理且饶人”，这也是为自己留后路。

另外，你也得想：你得理不饶人，到底有多少“好处”可得？“大好处”既大，何妨也饶人？因为这对你的“大好处”影响并不大；至于“小好处”，好处既小，更没有不饶人的必要。

6. 该说谎时就说谎

我们并不是鼓励你说谎话，而是在某些时候，谎言比实话实说会更好。

有时候，我们会讲一些“善意的谎言”。这源于我们的善良和友好。在有些特定的情况下，善意的“谎言”也同样美丽。

美国人霍特一生耿直，憎恶在人际交往中有任何作假。为此，他在50年生命旅途中付出了沉重的代价，并终于有所顿悟，他痛苦地发现自己竟找不到一个可以倾心交谈的人，连妻子和儿女也离他远去。霍特只能把自己的新想法写在日记上，念给自己听。霍特这样说道：“我到今天才相信，人与人相处是没有绝对诚实的。有时候，适当的假话和假象更能促进友谊和爱情。”

霍特的经历是人类多少年来困惑的缩影。我们提倡人与人之间应该坦诚相待，但发现坦诚会使人在许多时候碰得头破血流。只是为了维护我们心目中一种虚幻的纯洁和躲避政治上的禁忌，我们才无法解释这种现象。霍特不是政治家，也不再需要自幻，所以他把人类长期羞于启齿的隐秘说了出来：许多时候，交际并不需要真实。

我的一位朋友，是一家医院的主治医生，一天我们正在一起吃晚饭，他的电话突然响了，原来是值班医生说刚刚送进一个重病人，我的医生朋友二话没说，放下筷子就跑了出去，我也随他一同赶到医院。

来到医院，见到伤者吓了我一跳，原来伤者膝盖以下几乎体无完肤，且全身是血，发出令人惊恐的喊叫声。他的意识模糊、眼神呆滞，好像快要死了，我见到他的样子，觉得救治的希望很小，我想："这个人还能救得活吗?"不料我的这位医生朋友这时打了他一巴掌，大声喝道："坚强一点！这一点伤算得了什么！我马上就会把你治好的，你一定要撑下去。"

医护人员立即将伤者抬到了手术室，大约过了一个半小时，我的朋友从手术室走了出来。我便问他："你见到伤者时，真的以为这样的伤算不了什么吗?"他说："当时，我心中的第一个念头是'糟了，他恐怕是没救了，因为大量出血，腰也扭断了。'"那么你不是在说谎吗?""是啊，医生是不应该说谎的，但有时却不得不如此，我感到很为难。"我的朋友接着告诉我，"我认为圆谎是名医的条件之一，像刚才的情形，如果我老实说：'哇，这么重的伤，一定没有救了，'他大概会当场就死去。话又说回来，这也是为了伤者好，所以医生为了救患者的病不得不说谎。"第二天，我打电话向他询问伤者的情形，幸运的是伤者逃过了死亡的一关。如果按常理看医生的说谎，显然委屈了医生，在特定的情况下，说谎反而于事有益。

谎言，在人际交往中几乎是不可缺少的，有些人宣称自己从来不说假话，这句话本身就一定是假话，当我们得知亲人病重，当我们获知朋友遭难，我们就时常会说一些与实际情形完全不符的假话。从这个意义上看，世界上没有不说假话的人。许多假话在形式上与人际间真诚相处不相一致，但在本质上却符合于人的心理特征和社会特征。人都不希望被否定，人都希望猜测中的坏消息最终是假的。为了人们许多合理的愿望暂时不至于落空，谎言就开始发挥作用。

真正能说好假话并不比说真话容易。首先我们应消除对谎言的偏见和罪恶感，这样，我们才能把假话说好。

说假话有三条规则。

其一，真实假话是无法真实时的一种真实。当我们无法表露自己的真实意图时，我们就选择一种模糊不清的语言来表达真实。当一位女友穿着新买的时装，问我们是否漂亮，而我们觉得实在难看时，我们便开始用模糊的语言，回答说："还好。""还好"是一个什么概念，是不太好或是还可以？这就是假话中的真实。它区别于违心而发的奉承和谄媚。

其二，合情合理。这是假话得以存在的重要前提，许多假话明显是与事实不符的，但因为它合乎情理，因而也同样能体现我们的善良、爱心和美好。经常有这样的事情：妻子患了不治之症不久将要死去，丈夫为之极感颓丧。他应该让妻子知道病情吗？大多数专家认为：丈夫不应该把事情的真相告诉她，也不应该向她流露痛苦的表情，以增加她的负担，应该使妻子在生命的最后时期尽可能快活。当一位丈夫忍受着即将到来的永别时，他那与实情不符的安慰反而会带给我们感动。因为在这假话里包含了无限艰难的克制。

其三，必须。这是指许多假话非说不可，这种必须有时候是出于礼仪。例如，当我们应邀去参加庆祝活动前遇到不愉快的事情时，我们必须把悲伤和恼怒掩饰起来，带着笑意投入欢乐的场合。这种掩饰是为了礼仪需要，怎能加以指责？有时候我们说假话是为了摆脱令人不快的困境。例如，美国曾经就一项新法案征求意见，有关人员质问罗斯："你赞成那条新法案吗？"罗斯说："我的朋友中，有的赞成，有的反对。"工作人员追问罗斯："我问的是你。"罗斯说："我赞成我的朋友们。"

当我们按照上述三条规则去说假话，敢肯定它同样会给我们带来非凡魅力。只要我们心存真实，把假话仅作为交际的一种策略，这就是美丽的谎言。它是在善意基础上交际的必要策略。这同丑恶的假话，同以不可告人的目的编造的假话相比，两者有着本质的区别。

7. 不要随便揽责任

不在其位，不谋其政，是古人为官的一条方圆之道。不是你的专业自然不该你管，你也不应该管。你不在那个职位，管了也妨碍别人，费力不讨好，说白了就是没事惹事。

我们常听到别人漫不经心地说：“有事我负责！”像这种随便把“负责”二字挂在嘴上的人是没有“心机”的人，也是不负责任的人。出了事情，责任谁都能负，但谁也负不起。

责任也是有限度的。不是从一开始就随随便便地表示负责到底才是有责任感，而是负自己该负的责任才对。

“责任感”是一种称赞的话，重点在于后面的“感”字。不是责任，而是感受责任，所以不是只要说愿意负责的话就可以了，而是要亲自感受自己应该负起的责任。一般人往往不去衡量自己的力量，光是一副正义凛然的样子拍胸脯来表示愿意负责，却没有顾虑到现实的后果。

责任并不似权利义务那么具有强制性，它的道德含义比较强，但实际上却没有什么约束力。

然而，在人们交往时，彼此会不经意地在对方的身上加诸太多责任。在工作上，我们必须义无反顾地担负一些公事上的责任。有时候当工作没有成绩时，即使并不是自己的过失，仍然得负起连带责任。这个社会就是这样，随时随地都要负起责任。在这种情况之下，当我们受到别人的请托，为了达成任务所尽的力就是负责。

与人交往的责任，就是只要彼此尽了力就可以了，大可不必非得要求自己或对方奉献出所有的金钱及时间，不能从别人那里要求一些不合情理的事情。

身为现代人，于公要对公司负责，于私要对家庭负责，如果为了对朋友负责而伤害了其中之一，那就失去了交朋友原来的意义。

做买卖也好，交朋友也好，本来就是以“一诺千金”为彼此的责任，既不需要任何书面保证，也不必找人作保，只要彼此信得过即可。

与人交往时，不要随便地拍胸脯说些不负责的话，而是拿出行动来负责。有“心机”的人向来行在前，言在后。

对于别人的请求，既不能马上答应，也不能马上拒绝。

假如你马上一口拒绝的话，那么，对方极可能就会认为你不肯帮助他，甚至你们的关系因此而僵化，说不定以后你可能有什么事要找到他的话，尽管别人是有能力帮助你的，但对方却记起前“仇”以牙还牙。因此，最好是使对方认为你已尽心尽力地为他帮忙了。

碰上别人要你帮忙找工作，就不妨这样去做：立即请对方写份简历包括毕业于哪所学校、所学专业、本人志趣和特长、思想表现等交给你。这样别人就亲眼看到了你想帮他忙的事实，造成别人产生可能找对了人的感觉。

同时你可以坦率诚恳地说：“你的事就是我的事，我会尽力而为的。明天我马上拿你的简历去找熟人……过几天你再来好吗?”

几天后，你应该抢在人家还没有来之时，去个电话或亲自上门去拜访。“这几天我一直为你的事活动，东门那个单位可能没有什么希望。南门那个单位却说要研究研究。”

再过两三天，你主动找到他：“真对不起，你托的事目前都已落空了，我通过所有我熟识的人，但却……真没办法，等以后有机会再说吧。”

其他方面也是如此。生意上，有人求你看能否通过关系为他批点出厂价产品，你最好也立即行动：“好吧，我会尽力去帮助你的。”即刻询问对方要什么型号，大概要批多少等。接着按上述步骤，几天后不要等对方走上门你就应该向对方解释，说自己已找过领导，头头很难说话，或者说所有产品别人已全批走了，只能等今后有机会再说。

有人想趁你出差的机会，托你为他购某种型号的产品。请你不要马上拒绝对方的要求，应该马上接受对方所给予的用于购买商品的金钱，并坦率表明一定帮他找找，若有的话定帮买回来。然后，在出差地点再给对方去个电话或短信，说你走完了几家大商场都没有发现那种型号的产品。

要想方圆做人，必须如此。在日常生活中制造些无本万利的人情债，这也是有“心机”的人的常用办法。

但这种方法不宜常用，只能偶尔作为应急之法。经常为之，定会露出破绽，遭人指责。大多数人都喜欢言出必行的人，却很少有人会用宽宏的尺度去谅解你不能履行某一件事的原因。我们常常听见甲埋怨乙，说：“乙分明答允了我，但……”

事实上，乙虽然可能答应过甲，但那不过是乙怕难为情不好意思拒绝而已，往后他仔细一想，便觉得这事根本不可能办到的，甚至甲自己也知道这事实在强人所难。但是甲真的会自责而不责人吗？恐怕不会的，而在旁人看来，也总是觉得乙不对，因为到了那个田地，已经没人注意当初他的一切了。

拿破仑说：“我从不轻易承诺，因为承诺会变成不能自拔的错误。”承诺就是要揽责任，如果你做不到，尤其是超出你能力范围的事只会令你失信于人，形象大大受损。

帮助别人本身无可厚非，关键是量力而行。不看清自己的实力，什么事都说“我能行”与一个莽汉没有什么区别。你要为自己所说出的话负责，就必须“三思而后言”。

8. 做事要方，做人要圆

做人要方圆有道，就必须讲究一点“心机”。为什么铜钱是内方外圆？这就是中国辩证哲学的集中体现，做事要方，做人要圆。

人活在世上，无非是面对两大世界，身外的大千世界和自己的内心世界。人，一辈子无非是做两件事——做事和做人。怎么做事和怎么做人？从古到今都是人类探讨的课题。多少人一辈子都在哀叹做人难，难做人，人难做，但一枚小小的铜钱却将一切变得那样简洁，那样明白。

做事要方。做事要遵循规矩，遵循法则，绝不可乱来，绝不可越雷池一步，这个理在中国已流传了数千年。

中国人常说的“没有规矩不成方圆”、“有所不为才可有所为”，就是“方”这个道理。

每一个行当都有自己绝不可逾越的行规。

做官绝对要奉守清廉的原则。从一开始就要做好承受清贫的思想准备，就像曾国藩家训“八不得”中的一条：为官要清，贪不得一样。如果做官开始的动机就不纯或慢慢变质，企图以权谋私或权钱演变，那这个官就绝对当不好，当不长了。

为商要奉行的金科玉律是一个“诚”字。真正的大商人必是以诚行天下，以诚求发展，绝不会行狡诈、欺骗之伎俩，为一些蝇头小利或眼前得失而失信于天下。像韩国因商业楼倒塌而产生的震惊世界的惨案，便是因为韩国的建筑承包商在建造大楼时偷工减料；像中国生产鳖精厂家的秘密彻底被揭露，是因为生产鳖精的厂家生产的竟是没有鳖的鳖精，为此他们犯了行商的大忌。

做学问信奉的是一个“实”字。一步一个脚印，一天一点长进方能积少成多，积薄成厚。那些虚假的沽名钓誉之辈终将会成为人类的笑柄。

做人要圆。这个圆绝不是圆滑世故，更不是平庸无能。这种圆是圆通，是一种宽厚、融通，是大智若愚，是与人为善，是居高临下、明察秋毫之后，心智的高度健全和成熟。不因洞察别人的弱点而咄咄逼人，不因自己比别人高明而盛气凌人，任何时候也不会因坚持自己的个性和主张让人感到压迫和惧怕，任何情况都不会随波逐流，要潜移默化别人而又绝不会让人感到是强加于人……这需要极高的素质，很高的悟性和技巧，这是做人的高尚境界。

圆的压力最小，圆的张力最大，圆的可塑性最强。

圆好做又不好做。好做是因为如果人真正有大智慧、大胸襟，真正能自强自信，心态平和，心地善良，凡事都往好的一面想，凡事都能站在对方的立场为他人着想，人的弱点皆能原谅，即使是遇见恶魔也坚信自己能道高一丈，如真能那样，人还有什么做不好呢？

如若不是这样，凡内心孤独的人必喜虚张声势；内心弱小的人必好狐假虎威；心中有鬼的人必爱玩弄伎俩；没有自信的人必会尖酸刻薄，试问这样的做人又何从谈圆？

当然也不乏有人为了某种利益和目的不惜敛声屏息，不惜八面讨好，不惜左右逢“圆”。但这种圆和那种圆有本质的区别，这种“圆”的后面是虚伪和丑恶。

任何成功的后面都包含着牺牲。如果说有人能做到内方外圆的话，那也肯定包含了许多的牺牲。比如说做事要方，做事要有规矩、有原则，那就意味着许多事不能做、许多事又非要做，那无疑也就意味着会得罪许多人，惹恼许多人，意味着要舍弃许多利益甚至招来杀身之祸。如中国的民族英雄岳飞，为了“忠”舍弃了“孝”。但在“忠”君和“忠”国之间，他做不到只为了忠于昏君而放弃抗击金兵，为了这种原则，他惨死在风波亭。

做人圆，也会有牺牲。有时要牺牲小我；有时要忍辱负重，忍气吞声；还有更多的时候要承受屈辱、误解，甚至来自至亲至爱的人的伤害。如明明你在履行一种神圣的职责，他却以为你好大喜功；明明你在深谋远虑，他却认为你是哗众取宠。

小牺牲换来小成功，大牺牲换来大成功，这就要讲究“方”与“圆”的“心机”了。能做到“方”“圆”的，同时却并没有感到那是一种牺牲、痛苦的才是大成功、大境界；能为了“方”“圆”去承受牺牲的是小成功、小境界；不愿牺牲也做不到“方”“圆”的是不成功。如果截然相反，做事是圆，只要有利，不择手段，什么都敢干；做人是方，刁钻古怪，锋芒毕露，心狠手辣的话，那这个人一定会糟糕透顶，不能容于天下了。

9. 做人要有锐气，但不可锋芒太露

做人要有锐气，但锐气不代表锋芒。锐气可以展现自我的内心，但锋芒却给别人压力。方圆之人都尽量避免这一点。

想要在事业上一展才华，可以用一点“心机”巧妙展露，要记住时机没有成熟之前，千万别锋芒太露。

“人不知，而不愠，不亦君子乎！”可见人不知我，心里老大不高兴，这是人之常情。尤其是年轻人，总是希望在最短时期内使人家知道你是个不平凡的人。想让全世界都知道，当然不可能，使全国人都知道，还是不可能，使一个地方的人都知道，也仍然不可能，那么总至少要使一个团体的人都知道吧！要使人知道自己，当然先要引起大家的注意，要引起大家的注意，只有从言语行动方面着手，于是便容易露出言语锋芒，行动锋芒。

锋芒是刺激大家的最有效方法，但若细细看看周围的同事，若是处世已有历史，已有经验的同事，他们却与你完全相反。和光同尘、毫无棱角，言语如此，行动亦然，个个深藏不露，好像他们都是庸才，谁知他们的才能颇有位于你上者；好像个个都很讷言，谁知其中颇有善辩者；好像个个都无大志，谁知颇有雄才大略而愿久居人下者；但是他们却不肯在言语上露锋芒，在行动上露锋芒，这是什么道理？

因为他们有所顾忌，言语有锋芒，便要得罪旁人，被得罪了的旁人便成为你的阻力，成为你的破坏者；行动有锋芒，便要惹旁人的妒忌，旁人

妒忌也会成为你的阻力，便也成为你的破坏者。你的四周，都是你的阻力或你的破坏者，在这种情形下，你的立足点都没有了，哪里还能实现你扬名立身的目的？

年轻人往往树敌太多，与同事不能水乳交融地相处，就是因为言语锋芒过露的缘故，言语所以有锋芒，行动所以有锋芒，是急于达知于人的缘故，处世已有历史，有经验的同事，所以“毫无棱角”，也是因为曾受过了这种教训。

陈先生在年轻时代以兼有三种特长而自负，笔头写得过人，舌头说得过人，拳头打得过人。在学校读书时，已是一员狠将，不怕同学，不怕师长，以为他们都不及他。初入社会，还是这样的骄傲自负，结果得罪了许多人，不过，他觉悟很快，一经好友提醒，便连忙负荆请罪，倒是消除了不少的嫌怨。但是无心之过仍然难免，结果终究还是遭受了挫折。俗语说，久病成良医，他在受足了痛苦的教训后，才知道言行锋芒太露，就是自己为自己前途所安排的荆棘，有人为了避免再犯无心之过，就故意效法金人之三缄其口，即使不能开口，也要多方审慎，虽然“矫枉者必过其正”，但是要掩盖先天的缺点，就不能不如此。因此若听见旁人说你世故人情太熟，做事过分小心，不但不要见怪，反而要感到高兴才是。

当然也许有人会说，采用这样的办法不是永远无人知道吗？其实只要一有表现本领的机会，你把握这个机会，做出过人的成绩来，大家自然就会知道。这种表现本领的机会，不怕没有，只怕把握不牢，只怕做的成绩不能使人特别满意。你已有真实的本领，就要留意表现的机会，没有真实的本领，就要赶快从事预备。《易经》上说：“君子藏器于身，待时而动。”无此器最难，有此器不患无此时。锋芒对于你，只有害处，不会有益处，额上生角，必触伤别人，你自己不把角磨平，别人必将用力折你的角，角一旦被折，其伤害更多，而锋芒就是人额头上的角啊！

10. 勇敢面对挫折

做人有“心机”，是一个人主观上要改变，我们自己可以掌握，而客观环境就不是我们能左右的了。但当逆境包围，方圆之人懂得如何去面对，去战胜。

人生在世，难免遭遇风浪挫折，但许多人都一帆风顺惯了，害怕磨难，更害怕付出代价。遇到事，宁可自己吃点亏、受点气也不愿寻回公道，只求个安生，这样时间一久，窝囊气郁积在心里，一想起来就痛心疾首，越想就越恨自己没用，于是也就越来越觉得受气，有些人就是让这股气憋了一辈子。当然，做出以鸡蛋碰石头的愚蠢之举是不可取的，但方圆之人都相信正义，相信勇气。有正义在身，就会有信心，信心足了也就有了勇气，就能使人积极找到解决问题的办法，这样讨回公道就有了希望。关于这一点，我们可以通过曲小雪状告美国银行家的事件获得不少有益的启示。

曲小雪自费到美国留学，经人介绍到了一个美国老太太露易丝家打工。露易丝是一位种族歧视意识非常强的老太太，一开始就对来自中国的曲小雪很不礼貌，不允许她起英文名，而且每次叫她的时候不称呼她的名字，只摇一摇手中的摇铃。曲小雪虽然感到受了屈辱，但为了不丢掉这份工作，还是在露易丝家住下了。

曲小雪的工作是利用下午及晚间来照顾露易丝太太的生活起居，露易丝太太每月付她工资 300 美元，另外还提供两顿伙食。但是，这两顿伙食每次都是露易丝吃剩下的，而如果曲小雪吃不完，露易丝还叫她用粉碎机打碎，拌成糊状放在冰箱里，留着下顿再吃。曲小雪一开始还忍耐着，到后来终于因此事而与露易丝发生冲突。最后，曲小雪忍受不了屈辱，决定辞职。谁知，露易丝太太的儿子、华盛顿的银行家爱德华回来了，他却不允许曲小雪辞职，要求她留下来继续照顾他的母亲。当曲小雪执意离去时，爱德华开始污辱她的人格，说："我这一辈子最看不起黑人，你们中国人连黑人都不如!"并且强行翻拣曲小雪的箱子。曲小雪感觉自己被羞辱得就像当众被扒光了衣服。她要求爱德华支付她这三个星期的工资。谁知，爱德华不但不付工资，而且还抽了曲小雪一个耳光，然后抓住她的头发狠命往墙上撞，又把她推倒在地狠命地踢打。曲小雪全身血污，很快就昏厥过去。邻居听到曲小雪的哀号，赶快打了报警电话，爱德华趁曲小雪昏迷，在警察面前还反咬一口，说曲小雪被辞退后不肯离开，且先咬了爱德华的手，这才发生了冲突。曲小雪在女友的帮助下到医院做了诊断，结果证明她的髌软骨已永久性挫伤，脊椎骨错位弯曲，脑震荡也十分严重。无论是心灵还是肉体，曲小雪都受到了严重的创伤。

曲小雪知道，这一次她必须利用法律的手段为自己伸张正义，否则她注定一生都将生活在巨大创伤的阴影下不能抬头，如此年轻的她怎能就这样屈从了自己的命运呢？于是，她下决心状告银行家爱德华。她花了几个月的时间，总算找到了一位愿意帮她打官司的中国律师。

但是事情的进展并不顺利。在地方法庭上，爱德华雇的三个大律师极力说服了法官判定此案为庭外和解。曲小雪不服，于是上诉。每次开庭，结果仍是庭外和解，于是曲小雪继续上诉。断断续续，这场官司整整打了4年，一直打到了最高巡回法庭。在这4年里，曲小雪付出了局外人无法想象的巨大代价，她面容憔悴，疾病缠身，连头发都白了许多，但她一想到自己心灵深处的创伤会因为正义的裁决而得以安抚，就仍然感到抑制不住的兴奋。

终于，在最高巡回法庭上，曲小雪以自己感天地泣鬼神的强烈控诉感动了法官和陪审团，尽管爱德华的律师拼命周旋，法官还是判爱德华无故伤害罪，责令其赔偿5250美元，并当庭向原告道歉。曲小雪要求爱德华向她大声道歉，之后，她以一个中国公民的身份庄严宣告，她耗时四年打这场官司，是为了讨回做人的尊严，而不是为了这区区几千美元。说罢，她把5250美元的支票撕得粉碎，抛向了法庭的天空。

曲小雪的被辱事件给了我们两点启示。第一，一旦自己所极端珍视的人格、尊严以及某项重要的利益受到了冒犯和损害，就必须勇敢地挺身而出，不惜代价为自己求得公正，在这种情况下一味的忍让只会使自己吞下更难咽的苦果。第二，付出代价要考虑自己的实力，但勇气会增加办法和实力。在这一点上曲小雪为我们树立了非常好的榜样。

事实上，在大多数人的人生历程里，像曲小雪所经历过的如此之大的屈辱是不多见的，但是，一旦这样的屈辱发生在你的身上，作为影响你人生的一道关坎出现了，你是不是有勇气挺身而出，为自己讨回公道呢？如果说在一个民主制度、法律制度尚不十分健全、人治大于法治的社会里讨回公道还是极为艰难的话，那么随着我国民主化、法制化进程的推进，我们相信自觉而勇敢地利用法律手段为自己洗刷屈辱、求得正义的可能性越来越大了，在此前提之下，唯一需要考虑的就是个人的勇气与毅力：挺起胸膛，就能云开日现；蜷着身子，就只能一辈子受气。

11. 方圆做人要有原则

人与人之间的矛盾如果以平等互利的方式来解决都是可以化解的。但是，如果矛盾涉及了原则性问题，那么就必须站稳脚跟，寸步不让，即使是细节也不能让。方圆之人懂得，如果原则的问题也要让步等于失去了做人的方向。

人们所说的原则性问题主要有两种，一是尊严，一是应得的利益。尊严是精神上的原则性问题，一个人格健全的正常人是不能允许别人轻易冒犯自己的尊严的，尊严受到损害往往比物质利益的损失更能让人感到痛苦和难以忍受。一个人的素养越高就会越看重自己的人格与尊严，所谓“士可杀不可辱”，正是这个意思。

我们说在尊严问题上必须寸步不让，但在很多情况下是自己的尊严已被人严重地侵犯了，却还不知如何申辩，结果只能白白地受气。其实，别人侮辱我们的人格，正意味着他的人格并不高尚，如果我们能够了解对方，稍稍使用一点“心机”，以其人之道，还治其人之身，往往可以收到良好的效果，从而为自己讨回尊严，出一口恶气。

在某大城市的一户人家，有一位乡下来的小保姆，由于性情实在，干活利索，给女主人的印象颇佳。但是，生性狐疑的女主人还是担心这位乡下姑娘手脚不干净，于是在试用期的最后几天想出个办法来试一试她。

一天早晨，小保姆起床要去做饭，在房门口捡到 1 元钱，她想肯定是女主人掉下的，就随手放在了客厅的茶几上。谁知第二天早晨，小保姆又在房门口捡到了一张 5 元的钞票，这让她感到很奇怪。“莫非是在试探我吗?”小保姆产生了这样的疑问。但她又很快打消了这个念头，因为女主人是位刚从科长位子上退休的体面人，怎么会做出这样侮辱人的事情呢?这样想着，她就把钱放进了茶几底下，但心里面还是留了个心眼。

到了晚上，小保姆假装睡下，从卧室的窗户窥看客厅中的动静。正当她困意袭来，准备放弃这一念头时，女主人竟真的悄悄到茶几前取钱来了。小保姆彻底惊呆了，怒火冲上了她的心头：怎么可以这样小看人！她咬了咬嘴唇，下定了一个决心。

次日早晨，小保姆又在房门口发现了一张钞票，这次是 10 元钱。她笑了笑，把钱装进了自己的口袋。到了傍晚，她在女主人下楼去练气功之前把这 10 元钱悄悄地放在了楼梯上，准备也测试女主人一番。果不出小保姆所料，女主人之所以怀疑别人手脚不干净，正是因为她自己是一个自私而贪心的人，她在下楼时看见了那 10 元钱，当时就眼睛一亮，然后趁着左右没人把钱塞进了口袋里。这一幕，全都被暗中偷窥的小保姆看到。

当晚，女主人就像科长找科员谈话一样找到了小保姆，严肃而又婉转地批评她为人还不够诚实，如果能痛改前非，还是可以留用的。小保姆故作懵懂地问：“你是不是说我捡了 10 元钱?”“是呀！难道你不觉得自己有错吗?”小保姆摇了摇头：“不，我不认为我做错了什么，因为我已经将那 10 元钱还给您了。”女主人一脸诧异：“咦，你啥时啥地还我钱了?”小保姆大声回答：“今天傍晚，公共楼梯……”女主人一听到“楼梯”两个字，登时像触了电一样浑身一颤，狼狈得一句话也说不出来了……

聪明的小保姆利用了一些“心机”为自己找回了面子，女主人自然也不该再侮辱她的人格和尊严。试想一下，如果她正面反击，不讲策略又会是什么效果呢?使用一点“心机”，就可以方圆有道，一劳永逸。可见，做人还是要技巧的。

第九章　送礼与礼仪——人际交往的润滑剂

谁都想拥有成功的人生，谁都想在人际交往中显山露水，展现风采！其实想拥有这些并不难，只要你留心二“礼”：礼仪与送礼。时时处处尊重他人，理解他人，言谈举止诚恳谦和，待人接物大方得体，在做人中必然会塑造出完善的形象，拥有梦寐以求的成功人生。

1. 送礼的学问

中国人历来称道“礼尚往来”，可见，“礼”是生活中的大事。做人要增加个人魅力，必须在“礼”上大费“心机”。

“礼”多也好办事。

生活中的送礼现象到处存在，必不可少。家人、朋友、同事都互相送礼。所以收礼也要区别对待，一般性的礼品可以收受，但如果收下一些可能影响工作大局而使某方得益的礼物，就有构成受贿之嫌，是万万不可取的。

收礼一定要讲“心机”，估计送礼者是别有用心，一般都应该拒收，实在推脱不过，也要尽快回送同价值礼品。不愿收受的，除退回礼物之外，应表示委婉、诚恳的感谢。

礼物送也罢，不送也罢，都是根据情况灵活处理的。

“该如何送礼”是人情礼仪中十分复杂很难处理的一门学问，这门学问，学校没有专业，社会中也没有规章制度，同事也难以明说，全凭自己去摸索、去掌握。熟知送礼学问的人往往能八面玲珑，四方有缘，处处春风得意。送礼物给同事，是八小时之外建立感情、推进关系的最有效的物质桥梁。同事帮了你的忙，事后不忘认真地选一份礼物亲自登门送上，既还了人情，又不致失礼仪。同事家有婚嫁喜事，根据关系的远近亲疏送上一份合适的贺礼，既添了喜庆，又赢得了人缘儿。同事生病，及时前去探望，时间不宜过长，送些鲜花、水果、营养品等足矣，既安慰了病人，又表达了关怀之情……诸如此类同事间的私人馈赠，作为联络感情，人情世故的必要应酬，当然是必要的，但要注意轻重之分，一般不宜买太重的礼物，免得让对方感到你别有用心。

送礼给上司，可视为一种礼貌，表达感谢照顾的心意。上司在公事上给予不少指点，对工作该如何进行也帮了不少忙，感谢化成礼物，更具体、更有现实意义。

有时候送礼也是一种敷衍。许多人给上司送礼并没有明确的目的和所求，只是笃信“吃人嘴软，拿人手短”，或是随大流。领导收下了自己的微薄小礼，尤其是逢年过节或家中有喜庆事时送上的“顺水礼品”，工作中自然就会不好意思过分责怪、批评送礼者。

送礼的时机宜自然得体，毫无理由的馈赠绝非多多益善。老祖先创造了“礼节”一词，恐怕也正是暗示“逢节送礼”之意，而不是没道理的送。有时，刚到新岗位，刚出成绩，刚被提升，倒是送礼的好时机。

当然，并非所有的礼都能送得出去，万一礼送到人家门上，却被拒之门外，的确是件尴尬的事情。花钱没讨好不说，弄不好还会误大事，弄个适得其反。有人自认为眼光深远，喜欢玩“放长线钓大鱼”的游戏，为未来感情投资而送上司一些大礼，而这种师出无名的大礼恐怕十有八九都会被拒收，弄不好还给上司留个“心机”太重的印象，真是送比不送糟得多。

有句俗话叫做“礼多人不怪”。做人要讲究有礼貌，不卑不亢，送礼物也要讲究有来有往，这既是做人的窍门，也是做人的风度。

2. 微笑是最好的礼仪

不管一个人多么讲究社会礼仪，如果他整天板着一张面孔，也不会受人欢迎，微笑是表情的合体外表，增加做人的魅力，就不要忘了微笑。

对人微笑是一种文明的表现，它显示出一种力量、涵养和暗示。微笑，是打开社交大门的“心机”。一个刚刚学会利用微笑的中年领导干部说：“自从我开始坚持对同事微笑，开始大家非常迷惑、惊异，后来就是欣喜、赞许。两个月来，我得到的快乐比过去一年中得到的满足感与成就感还要多。现在，我已养成了微笑的习惯。而且我发现人人都对我微笑，过去冷若冰霜的，现在也热情友好起来。上周单位搞民主评议，我几乎获得了全票，这是我参加工作这么多年来从未有过的大快人心之事！”

微笑是希望和力量，犹如春风吹拂着别人的内心。没有人愿意帮助那整天皱着眉头，愁容满面的人，更不会相信他们。而对于那些受到上司、同事、客户或家庭压力的人，一个笑容却能帮助他们了解一切都是有希望的，也就是说世界是有欢乐的，是美好的。只要活着、忙着、工作着，就不能不微笑……

一个不会微笑的人是非常可怕的。必须强迫你自己练习微笑。如果你是单独一个人，强迫你自己吹口哨，或哼一曲，放松一下，如此表现出你似乎已经很快乐，这就容易使你快乐了。

你的笑容就是你善意的信使。你的笑容能照亮所有看到它的人。对那些整天都皱眉头、愁容满面的人来说，你的笑容就像穿过乌云的太阳。尤其对那些受到上司、客户、老师、父母或子女压力的人，一个笑容能帮助他们了解一切都是有希望的，也就是世界是有欢乐的。

要使同事欢迎你，首先，要对他们表示诚挚的关切。卡耐基说：笑容能照亮所有看到它的人，如同穿过乌云的太阳，带给人们温暖。行动比言语更具有力量，微笑则表示的是：“我喜欢你，你使我快乐。我很高兴见到你。”

卡耐基曾经鼓励成千上万的商人，要求用一个星期的时间，每天 24 个小时中，碰到人时都对别人微笑，然后再回到班上来。所得的结果与从前则大不相同了。威廉·史坦哈正是这群人中的典型例子。

“我已经结婚 18 年多了，”史坦哈说，“在这段时间里，从我早上起来，到我要上班的时候，我很少对我太太微笑，或对他说上几句话。我是百老汇最闷闷不乐的人。

“既然你要我以微笑的经验发表一段谈话，我就决定试一个星期看看。

“现在，我要去上班的时候，就会对大楼的电梯管理员微笑着，说一声‘早安’，我以微笑跟大楼门口的警卫打招呼。我对地铁的出纳小姐微笑，当我跟她换零钱的时候。当我站在交易所时，我对那些以前从没见过我微笑的人微笑。

“我很快就发现，每一个人也对我报以微笑。我以一种愉悦的态度，来对待那些满肚子牢骚的人。我一面听着他们的牢骚，一面微笑着，于是问题就容易解决了。我发现微笑带给我更多的收入，每天都带来更多的钞票。

“我跟另一位经纪人合用一间办公室，他的职员中有个很讨人喜欢的年轻人，我告诉他最近我所学到的做人处世哲学，我很为所得到的结果而高兴。他接着承认说，当我最初跟他共用办公室的时候，他认为我是个闷闷不乐的人，直到最近，他才改变看法。他说当我微笑的时候，充满慈祥。

“我也改掉批评他人的习惯。我现在只赏识和赞美他人，而不蔑视他人。我已经停止谈论我所需要的。我现在试着从别人的观点来看事物，如此真的改变着我的人生。我变成一个完全不同的人，一个更快乐的人，一个更富有的人。在友谊和幸福方面很富有——这些才是真正重要的事情。”

微笑是改善人际关系的重要力量，它时时刻刻都用得着，做人要有“心机”，微笑是“心机”和礼仪的表现，所以，要不断检查自己是否面带微笑。

3. 戒除令人讨厌的坏习惯

做人一个重要的原则就是让人看起来喜欢，不惹别人厌恶，在与人相处时尤其要这样。一些小的习惯和毛病就可影响到别人对你的看法，所以应该检查一下自身是否有这些小毛病。

生活中我们常会遇到一些人，由于一些微不足道的缺点，使他们成为一个不受欢迎的人，他们这些微不足道的缺点就像那遮住明月的乌云一样，掩盖了他们原有的美丽与皎洁的光辉。要培养做人的"心机"，就必须除掉这些毛病。

（1）打呵欠

当你和朋友在一起谈话的时候，尤其是当你的朋友在滔滔不绝地发表意见时。那时你也许感到疲倦了，你能按捺住性子让自己不打呵欠吗？

在大庭广众中，你能按捺住不打呵欠吗？

假使是你和你的老朋友谈话，你知道在老友面前打呵欠会引起老友不快吗？

打呵欠在社交场合中给人的印象是：表现出你不耐烦了，而不是你疲倦。

（2）掏耳和挖鼻

有些手痒的人，只要他看见什么可以用，就会随手取一支来掏耳朵，尤其是在餐室，大家正在饮茶、吃东西的当儿，掏耳朵的小动作，往往令旁观者感到恶心。

这个小动作实在不雅，而且失礼。即使你是想“洗耳恭听”，此时此地也不是时候。

同样，用手指挖鼻孔也是非常失礼的动作。

（3）剔牙

宴会席上，谁也免不了会有剔牙的小动作，既然这小动作不能避免，就得注意剔牙时不要露出牙齿，而且不要把碎屑乱吐一番，因为这是失礼的事情。假如你需要剔牙，最好用左手掩住嘴，头略向侧偏，吐出碎屑时用手巾接住。

（4）搔头皮

有些头皮屑多的人，在社交的场合也忍耐不住皮屑刺激的瘙痒，而搔起头皮来。搔头皮必然使头皮屑随风纷飞，这不仅难看，而且令旁人大感不快。

搔头皮这种现象在公共场合，尤其在社交场合和乱放臭屁一样实在失礼。特别是在宴会上，或者较为严肃、庄重的场合，这种小动作是很难叫人谅解的。

（5）双腿抖动

这种小动作多发生在坐着的时候，站立时较为少见。这种小动作，虽然无伤大雅，但由于双腿颤动不停，令对方视线觉得不舒服，而且也给人有情绪不安定的感觉，这也是失礼的。同样，让翘起的腿儿钟摆似的打秋千也是相当难看的姿态。

（6）当心放屁

放屁原属生理现象，是一种有益于人体的细菌在肠内制造出来的。人在正常的生理状态下，也不能够不放屁。但是在公共场合，一个响屁足可以破坏整个会场的气氛。即使放个闷屁也罢，其臭味也叫人恶心。据一个有经验的人说，在预感到要放屁的瞬间可以来三次呼吸。要不，就悄悄地离开人群一会儿。

（7）拉链和鞋带松着

这是一种疏忽，是种难以叫人宽恕的疏忽，鞋带忘记系上或男士的裤子拉链忘记拉上，在大庭广众的场合，无疑是件有伤大雅的事。

（8）长指甲和污垢

留长指甲可能是一种癖好，但也有一些人却疏于修剪，而且也疏于清理指甲内的污垢，这就近于失礼了。当和对方握手、取烟、用筷，半月形的指甲污垢赫然在目，实在不雅之至！

（9）不要以“喂”来喊人

打电话时，人们为了接通线路，故有“喂”一声，待互通声气以后，照例是“早安”或者是“你好”，然后再说下去。

但是有些人，平时见到朋友也像接电话一样先来“喂”一声，这就有失礼貌了，应该以姓和称呼来招呼对方才对。

我们也常见有些人问路，也是“喂”一声，虽然对方是路人，但为了礼貌起见，也得来一声“你好”、“请问阁下”……

（10）频频看手表

假如你不是忙人，而且又无其他重要约会，那当你和朋友攀谈时，最好少看自己的手表。这样的小动作会使你的朋友认为你还有什么重要的事情，不会使谈话继续下去；同时，你的小动作可能引起对方的误会，以为你没有耐心再谈下去。

如果你确实有要事在身的话，你不妨婉转地告诉对方改日再谈，并表示歉意才行。

（11）不守时间

有一位小姐，她是一个非常可爱的人。她的脸型，配上她苗条的身材，显得特别清新飘逸，她的一双美腿走起路来轻盈极了。她喜欢穿淡雅服装，特别喜欢穿轻纱罩着的裙子。她的谈吐也是非常斯文，亲切的话语交织着清甜的笑声，跟她在一起，令人神爽意新，心神舒畅。像这样的一位小姐，怎么会令人不愉快呢？

然而，她有一个很令人头痛的坏习惯：不守时间。

许多次，朋友们在车站等她一起去旅游，大家都到了。而她左等也不来，右等也不来，有的人坚持要等她，有的人老早就不耐烦了。

终于，她来了，仍然那么轻盈，那么潇洒，那么清新飘逸，同时又那么清甜，那么愉快，那么悠然自在若无其事，在别人的埋怨声中，她竟连一句道歉的话也不说。

我们不知道她的心里是怎么想的，不过，渐渐地她就被摈除在社交生活之外了。因为人们越来越对她反感，觉得她每次浪费别人这么多时间，是一种不可饶恕的行为。这种情形，要尽量避免。

（12）打听别人的私事

吴小姐性情活泼，态度亲切，凡是她到的地方，都充满了她的甜爽的欢乐笑声。她美丽大方、明眸皓齿，而且她的打扮总是叫人看起来很舒服。

她的毛病，就是特别爱打听别人的私事。每到一个地方，她就很起劲地去查问别人的家庭情况，收入多少，在别人不注意的时候，就翻弄别人的用具，或是偷看别人的信件。

而且，还不只此，她会把探听来的他人的私事，在闲谈的时候随意地讲出来，也不顾这样做对别人会有无损害。

她的这种毛病很是使人头痛，并且还会引起别人对她产生疑惧，以为她是别有用心。其实，她的内心是毫无恶意的，一方面是出于好奇，一方面又是由于喜欢说话。好奇，就对别人的私事发生无穷的兴趣；喜欢说话，就不免会把自己的见闻讲出来。可是她不知道，在她这种“天真烂漫”的行为中，不知给别人带来了多少的不安与不快。

社会复杂，每个人为了保护自己的安全，有许多事情是不希望别人知道的。所以，除了对很亲近的人或很熟悉的朋友之外，一般人对于别人的私生活都不会去询问。有时为了表示自己的关切，也要请求别人同意，等别人自愿地告诉你，倘若他不大愿意告诉你，你就别再去追问。倘若他愿意把他的事情告诉你，你也不要把此事当做新闻一样，到处去讲。至于偷听别人的谈话，偷看别人的书信、日记，或其他文件等，不仅是一种令人厌恶的行为，而且还侵犯了他人的隐私。

4. 礼多人不怪

不管别人给你送礼出于何种目的，都是他看重你的人或你的能力，意味着你被别人认可和尊重。所以做人就要不惧送礼，也不惧受礼。

礼多人不怪，是人之常情。

老王是不善客气的人，又患有高度近视，十步以外，看不清来人的面貌，对于熟人，只会由听声音来辨别他是谁，因此不熟悉的人，往往误会他是自大成性。他为补救他的缺憾起见，就是对于小妹倒茶，也总是加上请你，或谢谢你。有人来到面前，有所陈述或要求，他总是起立，绝不坐在椅子上，有时还称他们先生。这些举动他们未必都发生好感，但相信至少不会发生恶感。

李某是一家公司的最高领导，高级职员去见他时，他坐着不动，也不屑回你一声寒暄的话，而且不肯注视着你，听你的陈述，来人只好站在旁边说话，官架子十足。有时碰到他不高兴，或认为你说的话不对，他竟始终不开口，好像充耳不闻，也始终不对你看，好像视而不见，你落得一场没趣，只好悻悻退出。他对高级职员如此，对其他下属，当然可想而知。就是对待朋友，同样也是爱理不理的神气，实在令人难受。在他得势时候，大家只敢在背后批评，当面还是恭维，还是奉承，但心里都是反对他的。他种下了这种恶因，后来形势逆转，一时攻击他的人非常多，当然可能还有其他重要原因，然而平常待人傲慢，至少是个辅助条件。

《诗缠·鄘风·相鼠》中说："相鼠有体，人而无礼，人而无礼，胡不遄死？”无礼取怨于人，真会咒人早死。人在社会上，要多结人缘少结人怨，而礼便是一件必要的工具。礼是人为的，是后天的，必须要用心去学习，学习使人养成习惯，如此，多礼便能行无所碍了。

礼多并非虚伪，而且影响到人与人之间的感情，所以孔子也说：“不学礼，何以立。”孔子的所谓礼，不单指礼貌而言，但是礼貌必在其中是可以肯定的。言语行动，音容笑貌，都要注意，文质彬彬，然后君子，礼多人不怪，在对人方面来说，礼多可足以表示你是位君子呢！

然而礼多还必须诚恳，礼多而不诚恳，可得知其人的虚伪，虚伪反而使人讨厌。能诚恳，才能恭敬，才是真的礼貌。俗语说：人熟礼不熟。这就表示，你对于熟人，也要有礼貌，“晏平仲善与人交，久而敬之”。我以为晏子所以能够被“久而敬之”，他必先对人能够久敬。久而敬之是指双方面而言，并且，更须先由每一个人自身开始。

可见，礼就是一种“心机”。在平时与人交往中，你做到了“礼”多吗？

5. 称呼有学问

称呼是礼仪的开始，会做人、有“心机”的人都懂得这一点，称呼上打动别人，交往起来也就容易起来。

称呼，就是对人的称谓。用什么称谓称呼人，既有个礼貌问题，也有个态度问题，同时也反映了说话人与被称呼者之间的关系。所以，在社会交往中，有“心机”的人都讲究称呼的艺术。

（1）日常惯用的称呼语

①亲属之间的称谓。亲属之间，对长辈应以亲属称谓相称，如爷爷、奶奶、爸爸、妈妈、姑姑、舅舅等。称呼长辈的姓名、职务、身份、职业等都是不礼貌的。对平辈，可相互用亲属称谓或加排行序列称谓相称，如哥哥、妹妹、二哥、三妹等；夫妻之间可以姓名相称，俩人在一起时，可用昵称，但不宜在父母面前，孩子面前，公开场合使用；年长的平辈可直接称呼年少者的名字，若年少者已成年，则用亲属称谓较礼貌。对晚辈，可称呼其亲属称谓，也可直呼其名，这样显得亲切。但当晚辈有了他自己的成年晚辈时，直呼其名也就不妥当了。

②熟人之间的称谓。对关系较密切的熟人，可大致仿照自己亲属的性别、年龄、身份等来确定相应的称呼，还可以“姓加亲属称谓”、“名加亲属称谓”、“姓名加亲属称谓”称呼，如“王奶奶”、“李叔叔”等。

在一些正式、公开的场合，可以称呼熟人职务、职业，也可以“姓加职务、职业称谓”、“名加职务、职业称谓”、“姓名加职务、职业称谓”

相称。如“赵厂长”、“向真校长”等。

年纪较大、职务较高、辈分较高的人常对年纪较轻、职务较低、辈分较小的人称呼姓名，这种称呼明快直爽。反之，年纪较轻、职务较低、辈分较小的人对年纪较大、职务较高、辈分较高的人直呼姓名，则是没有礼貌的表现。

不称姓而直呼其名，是最亲切、最随便的一种称呼。但这只限于长者对年轻人、老师对学生或关系亲密的人之间，没有这种特殊关系而直呼人家的名字就不礼貌了，甚至还会使人生厌。

朋友、同学、同事之间，因为相处长了，称呼可以随便一些，可在姓氏前加“老”、“小”、“大”等，如“老彭”、“小陈”等。在人的亲属、职称、身份等称谓前，加上“老”、“大”等词，是更为尊敬的称谓，如老厂长、大姐等。对德高望重的老年人，可以在姓后加“老”字，如“李老”、“张老”等，这种称呼是很恭敬的。

③对陌生人的称谓。对陌生人的称谓，一般来说可用以下几种方法。

一是用通称。可据人的具体年龄、性别、职业等情况称“同志”、“朋友”、“师傅”、“先生”、“小姐”等。对男人一般可以称“先生”，未婚女子称“小姐”，已婚女子称“夫人”或“太太”，若已婚女子年龄不是太大，叫“小姐”，对方也绝不会反感。而称未婚女子为“夫人”就是极不尊重了。所以，宁肯把“太太”、“夫人”称作“小姐”，也绝不要冒失地称对方为“夫人”、“太太”。一般说成年的女子都可称“女士”。

二是可以亲属称谓相呼。可根据对方的性别、年龄等情况，以父辈、祖辈、平辈的亲属称谓相称，如“大伯”、“阿姨”、“老爷爷”、“大娘”、“大嫂”、“大姐”等。称呼对方“大嫂”还是“大姐”时，必须谨慎从事，因为对方婚否不好确定，在没有把握的情况下，称“大姐”比较稳妥。

（2）运用称呼语应注意的问题

①要注意民族、时代、地域的差异。各个不同的国家、民族对人的称呼都有一些独特的习惯。如在日本，对妇女也可不称“女士”、“太太”、

“小姐”，而称“先生”，如“米费子先生”。而汉民族语言中的称呼语相对于其他民族语言中的称呼语要复杂得多，不仅要看人的性别、辈分、年龄，还要分敬称和谦称。有的民族语言就没这么讲究，如英语中的“aunt”翻译成现代汉语可以是“姨母、姑母、伯母、叔母”等。所以各个民族有不同的称呼习惯，在实际运用中，要遵从各民族的习惯。

不同的地域，不同的生活习惯，造成了各种方言，所以还要注意方言间称呼的异同。如在大陆用得最广泛、最普通的“同志”称谓，而在港澳台同胞中，几乎就没有这个概念。所以与港澳台同胞打交道，不宜用“同志”这一称呼。

②要注意口语和书面语的区别。口语相对于书面语言而言，显得通俗、随便，更为亲切。现代汉语中，同一个对象，可有口语和书面语两种不同的称呼，如爸爸（口语）、父亲（书面语）。在口语中，如果面对称呼对象时，运用书面语中的称呼语就显得生硬、不自然、不亲切。但是，在口语中，书面语中的称呼语可以作为他称用语出现。如“我的祖父”、“你的母亲”等。

③要注意语言环境和称呼对象的不同。在日常生活中，对我们比较熟悉的人，我们对其称呼就可随便点，甚至可叫别人小名、绰号，夫妻、恋人之间私下里还可用昵称，这样显得较亲切、自然，可以增加彼此之间的感情。但在公众场合，尤其是在会场上、课堂上，叫别人的小名、绰号，就会显得不严肃，太放肆，应当以“××同志”或“××同学”相称。对不太熟悉的人，对长辈、领导和老师，也都不宜用“小名”和“绰号”，否则，就会显得不尊敬。所以，运用称呼语时，应特别注意语言的环境和称呼对象，灵活使用。在不同的语境中，对不同的称呼对象，应运用适当的符合人的身份、地位及体现与自己恰当关系的称呼语。

嘴甜的人不吃亏，他可以为自己赢得尊重和称赞。不过，在称呼别人外号时要切记：人的外号是人的一个特征，坏外号是人最忌讳的称呼，不要把它挂在嘴上，说多了会影响人际交往中的感情。

6. 自我介绍有技巧

万事开头难，做人、做事也是如此。前文说称呼很重要，另外自我介绍也很重要。自我介绍是让别人认识你的开始，所以一定要花点“心机”有个好的开始。

在日常交往中，自我介绍是必不可少的。有“心机”的人都知道，人们初次见面，彼此都有一种了解对方，并渴望得到对方尊重的心理。这时，如果你能及时、简明地进行自我介绍，不仅满足了对方的渴望，而且对方也会以礼相待，自我介绍。这样，双方以诚相见，就为进一步交往奠定良好的基础。

而且，在参加社交集会时，主人不可能把每一个人的情况都介绍得很详细。为了增进了解，你不妨抓住时机，多作几句自我介绍。时机有两种：一是主人介绍话音刚落时，你可接过话头再补充几句；二是如果有人表示出想进一步了解你的意向时，你可作详细的自我介绍。

自我介绍时应注意以下几点。

①要有自信心。在日常交往中，有些人怕见陌生人，见到陌生人，似乎思维也凝固了，手脚也僵硬了。本来伶牙俐齿的，变得说话结巴；本来笨嘴笨舌的，嘴巴更像贴了封条。这种状况怎能介绍好自己呢？要克服这种胆怯心理，关键是要自信。有了自信心，才能介绍好自己，给别人留下好的印象。

②要真诚自然。有人把自我介绍称为自我推销。既然推销产品时需要在“货真价实”的基础上做宣传，那么推销自我时也不能不顾事实而自我

炫耀。因此，作自我介绍时，最好不要用“很”、“最”、“极”等极端的词汇，给人留下“狂”的印象；相反，真诚自然的自我介绍，往往能使自己的特色更闪闪发光，引起人们的注意。

③要考虑对象。自我介绍的根本目的是要给对方留下一个印象，因此要站在对方理解的角度来说话。比如第一次参加某方面的研讨会，你站起来说：“我叫××，我来讲一讲。”此时在场的人一定会这么想：这是什么人？怎么从来没见过？他代表哪方面？他的意见值得听吗？所以，面对有这么多想法的听众，你只介绍“我叫××”是不行的，别人不会安心听你的发言。如果你理解了听众的心理，就可这样介绍：“我叫××，是××大学的教师，我第一次参加这样的研讨会，望大家多多指教。现在我就这个问题谈谈自己的看法……”这样的介绍，才不会使听众心中结下疑团，也才能使听众安心听你的发言。

所以，在介绍自己时，一定要重视与你打交道的人，要随机应变。如你面对的是年长、严肃的人，你最好认真规矩些；如与你打交道的人随和而具有幽默感，你不妨也比较放松地展示自己的特点，作出有特色的自我介绍来。

总之，要在自我介绍中表现出你的口才，让它成为吸引人的广告，深入人心。

7. 介绍别人有策略

在交往中，经常需要介绍他人，如何介绍也是大费“心机”的问题。一般来说，介绍他人时应先向双方打个招呼：“请允许我介绍你们认识一下”或“我介绍你们相互认识一下好吗?”这样，可以使双方有思想准备，不会感到突然。

介绍不但涉及礼仪，也涉及一些“心机”。按一般的习惯，作介绍时，如是不同性别的两个人，应该先把男士介绍给女士；如果男士年纪比女士大很多时，则应先把女士介绍给男士；如是不同辈分、职务的两个人，应先介绍晚辈给长辈，先介绍下级给上级；把一对夫妇介绍给他人，在一般情况下应先说丈夫，后说妻子；把两个群体相互介绍时，一般只介绍带队的、职务高的，随员笼统介绍即可。

有时，需要把某个人介绍给很多人，应该先向全体介绍这个人的姓名、职业，然后再依照坐着或站着的次序一一向这个人作介绍。如：“这是电视台的记者刘方，小刘；这是公司董事长××；这是总经理××；这是……”

有时，向大家介绍新来的领导、来讲课的老师或作报告的专家学者，只要把这个人介绍给全体人员就可以了，不必再一一向他作介绍。被介绍者要站立，向众人表示谢意，众人一般应鼓掌致意。介绍的内容，一般只包括姓名、身份。如有必要，也可介绍籍贯、个人性格、爱好、工作成就、所熟悉的老师、同学、朋友等。通过这些内容的介绍，使双方能够很快沟通。

在介绍他人时，应注意以下几点。

①介绍时要热情诚恳，面带微笑，神情要镇定自然，落落大方，充满自信。即使遇到意外情况，也不要慌乱，从而造成一种融洽随和的气氛，给被介绍的双方留下难忘的印象。

②介绍时口齿要清楚，并作必要的解释和说明，以便使听的人能够很快记住双方的姓名。

③介绍方法要灵活，要随机应变。面对长者或领导，要使用尊称，如说“请允许我向您介绍……”。在朋友之间，可用轻松活泼的方式，有时不妨幽默一点。如：“这是我们单位有名的大胖子，外号‘肥仔’。”这样能使气氛活跃。

介绍他人时，只能称赞，不能揭短，否则不仅赢不来尊敬还会招来别人的厌恶。

8. 巧妙地赠礼

一个小小的礼物能俘获一颗心，为何在处世中省掉这一程序呢？

提到赠礼，可能会使人想到贿赂。其实普通人送给他人礼品，是进行社会活动理所当然的手段之一。不过有些公司或人却严格制订“拒绝赠礼”的规矩。当然，致赠他人礼物，并非仅仅是表达内心谢意的一种目的。站在赠送者和接受者的立场来看，赠与收两方，还自然意味着弱者和强者的身份。赠礼如何才能恰到好处，这一点在现代社会更是难以把握。

有人认为表示感谢对方的方式，最简单的就是招待宴饮。

“怎么样？晚上我请你喝一杯。”像这样的邀约，对方爽快地应允的人很多，但是赠送礼物就不这么简单了。

“我实在不能接受你的礼物！”一定很多人会如此拒绝吧！如此表示的人，是用心谨慎，不愿划分强者、弱者关系的人士。但是应用巧妙的方式，或视相互间交情的深浅而欣然接受的，也大有人在。

“真是太谢谢你，何必这么客气呢?”尽管表白“不愿受礼”，但只要赠送方式高明的话，再清高的人也会欣然接受。

吃饭、喝酒的方式，吃喝过后，当然就云消雾散了。但是致赠礼物却有“残留”的作用存在，可加强我们在对方心目中的印象。不过，送礼的态度要极其自然，换句话说，绝不可让对方误会我们送赠礼物是想达到某一目的的手段。否则，原本是想表达内心的感谢，结果反被对方瞧不起，或者导致对方敬而远之的不良后果，那就枉费一番心血了。

9. 逢场不作戏

逢场不一定要作戏，这是社交礼仪必具的一种方法。做个有“心计”的人，不仅逢场能作戏，而且也能把不该演的戏拒之门外。

“逢场作戏”，是一句流行的话，也是交际场中的口头禅。遇到宴会，这是逢场了，可以作戏，遇到婚庆喜丧，这也是逢场了，可以作戏。打扑克牌也是，打麻将也是，凡是属于赌的游戏，无一不是。一场豪赌，力量较差的，往往足以倾家荡产，而商场中竟有以豪赌作结交工具，岂不吓人？

曾经有某个商人在一场赌博中，把一间大别墅给输了，赌博结束就急于变卖财产，赌债还清之后显得懊悔不已。彼此聚赌，原是相熟的朋友增进感情，而争夺的惨烈却无异仇敌，这还算是作戏吗？俗语说：“赌近盗。”事实上，赌有时比盗还厉害。至于上夜总会、舞厅等，虽然在金钱的损失上，不会像赌那样毫无节制，但却有损于你的德性，危害之烈，绝不在赌博之下。因为玩得多了，都会成癖，起初只不过是逢场作戏，时间久了就到处是场，随时是戏，办公室里，可以公然讲赌经，谈嫖事，下班后，呼朋唤友而去找他们的场，作他们的戏。一个薪水阶层的一月所入，可以一个晚上在牌桌上输光，像这样的大败之余，哪还有精神上班？如果侥幸获胜，对这些赢来之物也绝不会重视，并且在赌博之后，往往还要再做其他的戏，花费掉一部分的金钱。都市生活的糜烂竟至于如此，年轻人如果意志未坚，在这血气方刚的年龄，哪能出污泥而不染呢？

你要是不能不逢场，那就去好了，但是千万不要逢场皆作戏。要做到这一点，必须表现出你不会作戏，而且真的不会作戏，等大家都知道了，那么人家也就不会再邀你参加了。也许你以为完全谢绝，会少了一种应酬工具，对于彼此情谊的联络会有影响，也可能使得人家对你产生不合群的感觉。其实联络感情的方法很多，不一定要作这种戏，而这种方式所联络的情谊是否真实可靠，还成问题呢！其他方面，或者可以学时髦，逢场作戏这种时髦可千万学不得。

有的因为作戏成癖而至堕落，却不曾看见过有谁靠了时常作戏，而飞黄腾达的。年轻人认识尚未真切，便把作戏当成交际的重要手段，有谁曾有过在赌友嫖友中，找寻在急难时相助的知己？想从这种朋友中求知己，无异于从妓女群中觅贞女。这话虽然比较苛刻，事实确是如此！社会上的坏事，往往都有好听的名义，用作戏来联络情谊。这是欺人之谈，也是一种文过饰非之语，我们要认识真切，不要误入歧途。

10. 敷衍要有尺度

敷衍的手段，在不得已时，可以偶一试用，如以敷衍当作处世礼仪中的唯一办法，有时要吃大亏，甚至葬送前程！

如果你是个比较熟悉环境的人，已经懂得些人情世故，觉得要做一个硬汉，不但是不能而且也不敢；而做个一味敷衍苟合以立身的现代人，玲珑剔透、八方无碍，反而可以乐得如鱼得水，左右逢源，贤人阶层可以容他，常人也能容他，小人的群体都能容他。这其中敷衍就是他做人处世礼仪中的唯一要诀。要做这样的人，当然也必须具有若干必备条件：手腕够灵活吗？脸皮够厚吗？能够巧言令色吗？能够忍得别人所不能忍之事吗？能够抹去良心吗？如果是件件皆能，那么要做敷衍的现代人，够资格了。

敷衍是现在处世礼仪的一个基本方法，该敷衍时绝对含糊不得。

但实际上好敷衍未必就能占便宜。比方我与你只是一面之交，我来请求你代为设法安插一个位置，你很自然地为我写封推荐函，向某方介绍。我拿到这份推荐函，心里十分高兴，以为你有求必应，真是一尊活菩萨，但是我去求见某方的结果，却被推得一干二净，连丝毫希望都没有，我当然只怪对方的不买交情，不会怪你的面子太小。可是近来有人告诉我，你的推荐函根本只是随意滥写，有机会也写，无机会也写，对方知道你的推荐函，向来只是一种顺水人情，是一种敷衍手段，你的推荐，绝对不会产生效力的。经他一提，我才知道你是个老奸巨猾、专门敷衍人家的人。试问这是好印象吗？这是好名誉吗？你是吃亏呢，还是占便宜？

当然我与你初次相见，你是不会写推荐信的，对于我的请求，会说“好的，一定代为留意”，同时安慰我几句，叫我放心，叫我等几天听回音。我当然十分感谢，谁知你是有口无心，说过便忘。过几天，我来讨你的回音，你又是一番敷衍，说是前函还未答复，等再去函催问，我当然信以为真，心里更加感激，但是临到最后，你的敷衍，终使我大失所望。我若是性情粗鲁的人，耐不住内心的反应，也许要说，既没有办法为什么不早点说，让我再三的徒劳往返。试问这是好印象吗？这是好感吗？这是好名誉吗？你是吃亏呢，还是占便宜？

比方我与你是老朋友，我找你给儿子介绍一个职业，你说：“你的儿子，就是我的侄子，你的事就是我的事，当然没问题！”我也以为彼此是老朋友，必然不会对我使出敷衍的手段，谁知你再三说正在设法，结果却石沉大海，全无音信，使我反而不便向你询问。试问这么一来我对你的印象如何？感想如何？万一你有事找我商量，我还肯为你出力吗？

敷衍是经不起考验的，一经考验，敷衍的伎俩立即被拆穿，一经拆穿，还有谁信你呢？信用丧失，岂不是得不偿失？

11. 友善比愤怒力量大

处世中，假如你在愤怒之下，对别人发作一阵，你的气也许会随之消失，心中也高兴了，但是别人呢？当你高兴时他能分享到一点吗？你那挑战的口气、敌意的态度，会使他容易赞同你的意见吗？

美国总统威尔逊说过："假如你握紧两只拳头来找我，我想我可以告诉你，我会把拳头握得更紧；但假如你找我来，说道：'让我们坐下商谈一番，假如我们之间的意见有不同之处，看看原因何在，主要的症结在什么地方？'我们会觉得彼此的意见相去不是十分远。我们的意见不同之点少，相同之点多，并且只需彼此有耐性、诚意和愿望去接近，我们相处并不是十分难的。"

某工程师嫌房租太高了，想要求减低一点，但是他晓得房东是一个极固执的人。他说："我写给房东一封信说，等房子合同期满我就不继续住了，但实际上我并不想搬家。假如房租能减低一点我就继续租下去、但恐怕很难，别的住户也曾经交涉过都没成功。许多人对我说房东是一位很难对付的人。可是我自己心中说：'我正在学习如何待人这一课，所以我将要在他身上试一下，看看有无效果。'

"结果，房东接到我的信后，便带着他的租赁契约来找我，我在家亲切招待他。一开始并不说房租太贵，我先说如何喜欢他的房子，请相信我，我确是'真诚的赞美'。我表示佩服他管理这些房产的本领，并且说我真想再续住一年，但是我负担不起房租。

“他好像从来不曾听见过房客对他这样说话。他简直不知道该怎样处置。随后他对我讲了他的难处，以前有一位房客给他写过40封信，有些话简直等于侮辱，又有一位房客恐吓他说，假如他不能让楼上住的一个房客在夜间停止打鼾，就要把房租契约撕碎。他对我说：‘有一位你这样的房客，心里是多么舒服。’继之不等我开口，他就替我减去一点房租。我想多减点，我说出所能负担的房租数目来，他二话不说就答应了。

“临走的时候，他又转身问我房子有没有应该装修的地方。假如我也用别的房客的方法要求他减房租，我敢说肯定也会像别人一样遭到失败。我之所以胜利，全赖这种友好、同情、赞赏的方法。”

有一段关于风和太阳的寓言。

风和太阳争执谁的力量大，风说道：我能证明我的力量大，看，路上正走着一个老者，身披大衣，我能比你更快地使他把大衣脱掉。

于是太阳躲进乌云里，风使出他的威力狂吹，但是风吹得越大，那老者越用手拉紧他的大衣。

最后风筋疲力尽了，失败了。该太阳了，太阳从云彩里走出来，开始对着那老者和气地笑着，把温暖送给老者。不久那老者便用手拭他前额的汗并将大衣脱去。于是太阳对风说：“仁慈和友善永远比愤怒和暴力更为有力。”

这是个有趣的寓言，但愿也能给你一些深刻的启示。

第十章　人在江湖漂，防挨朋友刀

人在江湖漂，谁能不挨刀？

人在社会上，难免要挨刀，但做人最怕的是挨朋友的刀。因为是朋友，你不注意他；因为是朋友，你不防范他；因为是朋友，他了解你的肢体命脉，所以给你的那一刀也插得最深；因为是朋友，他才会知道如何在你背后最软的地方下手。

1. 朋友在于质量，多交必滥

朋友是人生的一部分，也是人们生活的中心之一。如何交友，如何选择朋友是一件非常谨慎的事。朋友以诚相待，但交友也要讲究“心机”，择志同道合者交之。

“千里难寻是朋友，朋友多了路好走。”朋友，是人生交际中的主流，哪个也不能少，哪个也不可丢。上溯千古，下至未来，人生永远要朋友。交朋友要有一定的“心机”和策略，应主要注意以下几点。

（1）多交必滥

结交朋友不在多，而在于质量，多交必滥，这是中国古代人对交朋友的经验总结。人们常说：“朋友遍天下，知心有几人”，的确，知音难觅呀。况且，一个人的精力是有限的，如果不加选择，一味地以多结交朋友为荣，则会整日忙于应酬，把大部分精力都放在与朋友的周旋上，必然影响自己的正常工作、学习和生活。再者，结交的人多了，也必然影响到对朋友的观察和鉴别，如果所结交的人中有品行不端或用心不良者，也很可能给你带来危害。在社会上，确实有这么一种人，以广泛结交朋友为荣，可以说三教九流，无所不交。严格地说，这不是在交朋友，只不过是不负责任的一般交际行为。真正的朋友不在于相互利用，而在于共同的志向和思想，在于互相帮助，使生活增加乐趣，让友谊为你的生活再增加一些光彩。

（2）不可轻率

我们应把结交朋友看做一项十分严肃的事情。当你在结交朋友时，一定要认真对待，绝对不可轻率。在与对方交往的过程中，要注意观察其思想、兴趣、爱好、品质和行为，掂量一下是否值得结交。当然，这里并不强求朋友是各方面都比自己强的人。“毋友不如己者”。孔子是说不要和不如自己的人交朋友，这种观点虽然带有很大的片面性，但也说明了不可轻率交友的道理。因为朋友之间本是互有短长的，在这方面你有优点，在其他方面他有特长，朋友相处，长短互补，这也是交朋友的益处之一。请不要误会，孔子的意思是要交思想纯净、品德高尚的人，向这样的人看齐。还要注意，看朋友是否值得结交并不是不允许朋友有缺点。人无完人，朋友也是如此。只要你所结交的朋友品行端正，能够真心帮助你，不至于对你有害，就可以了。

（3）谨慎择友

我们在择友时，首先一定要明确自己的标准，且结交品行端正、心地善良、乐于助人、勤奋上进的人。这样的朋友就是益友。一生中益友都会对你有很大帮助。有的人以兴趣相投作为唯一标准，而不论对方的思想品行，只讲朋友义气，只要你对我好，我同样也对你好。你敬我一尺，我敬你一丈；你肯为我赴汤蹈火，我也会为你两肋插刀，至于是否有利于自己，有利于他人和社会，则根本不考虑了。在他的朋友中，既有讲吃讲喝者，又有讲玩讲闹者，甚至还有为非作歹、流氓地痞之类的人。“近朱者赤，近墨者黑”。这样一来，难免影响到自己。因此，我们一定要慎重选择朋友，切不可滥交，一定要避免和那些道德品行不端的人结交，免得沾染恶习。

一些人因交友不慎走上违法犯罪的道路，从而使自己的前程、理想事业全部化为乌有。某法制报以《一个企业家的毁灭》为题刊载了这样一个故事：某建筑安装工程有限责任公司经理赵某，在业务往来中结交了许多朋友。一天，一个朋友和他一起吃喝玩乐后把他带到宾馆的一间豪华房间，神秘地递给他一支香烟。赵某毫不介意地抽了起来，不一会儿，赵某感到异样，这时，朋友告诉他，香烟中放了毒品。赵某当时十分气愤，转身就离去，但初次吸毒的体验却使赵某产生了这样的想法：再吸一次。于是，他再次找到那位朋友，又要了一些毒品。从此，赵某一发而不可收，一个月过后，他已经成了一个十足的瘾君子。公司业务没心思过问，妻子也不去关心，他只是不断地动用自己的积蓄，花费巨资用来购买毒品，而向他提供毒品的，正是勾引他第一次吸毒的那位“朋友”。短短两年时间，赵某就花掉了几十万元的积蓄。妻子多次规劝，赵某自己也曾多次痛下决心戒毒，两次进戒毒所，但都无济于事，妻子失望之余弃他而去，赵某悔恨不已。在月末的一天，赵某登上公司正在承建的一座十二层楼房的楼顶，然后跳了下去，结束了自己的生命。一个颇有前途的企业领导人，就因为交友不慎，被骗吸毒，最后竟丧失了自己的生命。

交朋友是有大学问的。尤其是年轻人，刚走向社会，面对各种不同的人聚在一起，许多事都没有你想象的那样单纯。所以，一定要讲一点交友的“心机”，冷眼观看，确定人品后方可深交。

2. 破镜重圆的友谊更珍贵

如果与朋友之间有了裂痕，请不要惊慌失措或者心灰意冷，只要积极采取措施，放下不必要的架子，原先的融洽必会重来。

朋友相处在一起的时间多了，免不了磕磕碰碰。俗话说：“牙齿不好，舌头相绊。”好好的朋友，为了一件小事，弄个不欢而散，于是友谊失落了。一俟冷静下来，对朋友又有渴望恢复友谊之感。但是，人们在渴望得到失去的友谊时，心中总有一点顾虑，主要是面子拉不下来。往往会想：“我绝不向他示弱，除非他先跟我打招呼。”“我不能先去他那里，别人看了好像问题全出在我身上似的。”

你也许正有同样的想法。但交朋友自有交朋友的“心机”，不能因为一点小事失去一个朋友。如果你真正了解你的朋友，首先就应该抛开顾虑，拉下面子去创造缝合友谊的机缘。

在朋友生日或其他重要的日子，打个祝福的电话，或送去一点他喜爱的礼物。

在大街上，当迎面走来了那个曾经很熟悉的身影时，你站住脚，面带微笑地说一声：“嗨，你好吗?”不要担心他的冷淡。你的热情一定有所回报。

鲍伯因为艾格尼斯对他的女友的不礼貌而断绝了与他的交往，其实那天艾格尼斯并没有做什么，贪杯才是真正的祸根。

鲍伯与好友分手后，深悔自己的决定过于轻率，总想寻找个机会和朋友谈一谈。也许是天赐机缘，一天晚上，鲍伯去参加酒会，艾格尼斯也应邀前往。他们端着各自的酒杯，远远地望着，两个人都没有说话。鲍伯首先默默地向着艾格尼斯高高地举起酒杯，并向他点了点头，艾格尼斯也高高举起了酒杯，顽皮地眨了眨眼睛，两个人的误会在顷刻间消失得无影无踪。

他们又走到了一起，开始了寒暄，好像根本就没有那段不愉快的经历。

人们对尽释前嫌心存顾虑，主要是因为这不是一厢情愿的事。即使对方真的不情愿，你也不要放弃主动权，只要你尽力了，做到问心无愧就可以了。

艾德森由于好友彼得在自己的公司电脑上做了手脚，使他损失了几十万美元，心中一直愤愤不平，尽管艾德森委托律师将彼得关进了牢房，但他还觉得不够。

几年过去了，彼得早就被保释出来了。他觉得对不起艾德森，几次打电话向艾德森道歉，艾德森根本不听，一听是彼得的声音，不容分说立刻将电话挂断。

艾德森的妻子知道后，数次劝他应该宽宏大量，何况彼得是个电脑专家，对他的生意很有帮助。艾德森经过深思，觉得妻子说得很有道理，可是每次拿起电话来，心中就想起那几十万美元，又想起彼得曾像只老鼠似的偷盗过那些钱，使他的生意差点垮掉，于是又放下电话长叹一口气。

一个多月过去了，艾德森总是处于这种矛盾中，一会儿觉得应该原谅彼得，他是个电脑专家，曾经帮助过自己；一会儿又想到，难道你要原谅伤害过你的人？不，不行。

直到一位心理医生告诉他："你形成了一种心理障碍，这种障碍不仅会妨碍你与彼得的关系，也会妨碍与他人的交往，必须积极地清除它。"

在晚上，艾德森终于鼓起勇气，给彼得打了一个电话，告诉他明天可以到办公室见他。

第二天，他们谈得很顺利，艾德森还决定再次聘用彼得到公司工作，他对彼得说："我相信你不会再辜负我。"

彼得走后，漂亮的女秘书走进来看着艾德森说："您真让人羡慕，因为您有着海一样的心胸，在您身边工作，我非常愉快。"艾德森大吃一惊，这可是意外的收获。

把心中的阴云驱散，赢来的不仅仅是友谊，还会有一片更好的处女地，等待着你去开发。友谊的存在对于朋友双方都是有益无害的，"破镜重圆"的友谊通过间接的修补只会比当初更加灿烂。所以，不要让暂时的不快影响了本该持续一生的友谊。

3. 异性朋友更有安全感

民间有句俗语：男女搭配，干活不累。多处一些异性朋友，办起事来效果会更好。异性朋友的多少更能反映出一个人做人的“心机”和交朋友的水平。

只交同性朋友，可以说只打开了半边大门，最好是把大门全打开，既交同性朋友，又要交异性朋友。我们不能将异性朋友限于性爱圈内，应升华到纯真上来。

若问男人和女人可以成为朋友吗？回答是肯定的。除了爱情，成为朋友是人与人之间最好的、恰当的交往方式。做为一个有“心机”的人，他的异性朋友和同性朋友一样多。

正因为存在着性别的差异，异性友谊才显得更加引人注目，更加绚丽多彩。

由于异性之间的友谊存在着发展成爱情的可能，所以会让人望而却步，人们谈异性友谊既怀疑又惧怕。

但男人与女人之间的友谊，的确可以同男人之间或女人之间的友谊一样，亲密，无拘无束而又天长地久。

男人也可能与女人保持一种没有性关系的亲密友谊。在两人的情谊没有上升到爱的层面上的时候，生理需求与诚恳情谊是可以协调好的。摆脱了笼罩着男女之间的友谊的局限，这种和女人的具有伸缩性的友谊就能使一个男人有了一种平衡、诚实的情感交流。

男人与女人的友谊，可以和女人之间的友谊一样亲密、一样无拘无束而又天长地久。你大概对此不以为然。因为在你与男人的约会和交往中，令你沮丧地发现：性在男人的心目中总是存在。你的沮丧和不安也许是有道理的。

性别，确实是男女交往中的一条鸿沟。一个男人遇到一个女人时，性的潜在可能是经常存在，但这并非不可避免、必然发生的现象。一个男人不一定非得做了你的“情人”，才能成为你“最好的朋友”。而且，不可能强调你或别人心中有了性冲动就一定要付诸行动。

几位把男人列入好朋友之列的女人向人们提供了她们的看法。

“我从男人那里学到了一些女性朋友不能给予的东西。我这样说不是看不起我的同性，而是说男人确实具有不同于我们的志趣。比如钓鱼，就多半是男人热心从事的事情，女人则很少对此感兴趣。”

“我的一个男朋友，最近常常带我去钓鱼，你就不一定非得跟谁去约会。从而一次又一次地发现，和一个自己很喜欢的男人在一起，如同和自己爱的男人在一起一样，得到许多乐趣。不谈恋爱，也可以和男人很好地交谈，说笑话，可以在一起对一部随便去看的破电影肆意嘲笑，一块去新开的野味餐馆尝鲜。总之，可以在一起干许多快乐之事，相伴度过一个美好的晚上或下午。”

“我的男性朋友向我揭示了所谓‘男性的奥秘’。我的意思是说，通过和他们交谈，听他们诉说苦恼，求他们帮助我，解决问题，我了解男人的想法和男人的感觉。他们对不同问题的看法——小至开车时如何拐好弯，大至我最近一个男朋友的性羞涩，都对我很有帮助，很有启发，也很有安慰作用。”

“我要告诉你我从男人身上得到的那种从女人那里得不到的东西，那就是一种安全感。我从女朋友那里得到的安慰是母性的，温暖的，是感情上的支持。我不是说男人不能提供这种安慰，也许他们是能够的。

但是，男人单凭他们身强体壮，单凭他们是男性这一点，就给了你一种保护，我想这与我那种把男性与权威和力量联系起来的传统观念有关。男性对于我时常意味着一种父性形象。”

"无论是什么原因，都可以举个例子说明我的看法。几年前我做了次大手术，当我从麻醉中清醒过来时，我意识到家人和朋友都在我身边。我感到我爱他们每一个人——但我想立即伸手去拉住的只有我丈夫和我的生意伙伴——一个老朋友。"

有"心机"的人要懂得，如果更多的男人和女人，在交往中双方的付出都是平等的，一方只想友谊而不是爱情，那么，对方也会来呼应他们。这样，两性之间才会建立起良好的、高尚的友谊关系。而男人和女人们，都将成为胜利者。

4. 摆脱对朋友的依赖

朋友之间有主动和被动，有某种意义的控制和依赖，这些也许只是一种习惯，但它却影响着你与朋友的关系。如果你摆出控制者或依赖者的架势，就不可能体会友谊的真正含义，也没有一位真正的朋友。

有“心机”的人都知道，友谊是健全的，但健全的和不健全的友谊之间有一条几乎模糊不清的界限。有些人与朋友的关系恶化、令人失望或令人非常不满，就是因为他们往往难以区分健全的和非健全的友谊。

过分的依赖会损害你和朋友的关系，而且是双方的。朋友并非父母，他们没有法定责任来指导和保护你，他们可以给你支持，但不可能包办代替，你必须清楚，这只不过是朋友的范畴而已。

如果你事事游移不定，老是向朋友询问，就会使你受到朋友正确或错误的意见影响。为此，你应该立刻决定，摆脱对朋友的依赖。

有的人恰恰相反，他们盛气凌人，在与朋友的交往中，总喜欢指手画脚，不管朋友的想法如何都要求朋友按照自己的意愿去做。这种做法无异为友谊的发展埋下了不祥的种子。

朋友之间的交往不可超越本分，更不可过分依赖，这是做人起码的“心机”。

可以说朋友是你事业发展上很重要的一个环节。朋友，就是感情的象征。志同道合的就可以结为朋友。朋友是平等关系，切不可把自己的意志强加于他人。否则将事与愿违。

卡罗琳，是一位有三个孩子的年轻母亲，她有这样一个女“主人”式的朋友。新搬进这一居民区，卡罗琳急于找朋友。这时，莉拉进入了她的生活，莉拉像只母鸡似的把卡罗琳呵护在翅膀下。不久后，卡罗琳发现，莉拉不仅是只母鸡，还是个大王，她是位社会团体的总裁，整个团体是由她的朋友和她们的丈夫们组成的。

“起初我挺喜欢她，”卡罗琳说，“我是她的特别好友，她要我干啥，我就干啥。有时我感到似乎受她的压制，但我不知该怎么办，因为我的确喜欢她，希望与她保持朋友关系。但我逐步不喜欢只是听从她了。”

卡罗琳意识到，如果她真想与莉拉或任何人交朋友的话，她应该学会与朋友平等相处，有往有来，互相帮助。也就是说要弄清自己必须干什么，并把它付诸实施，而不是听凭朋友的随意摆布。

如果你想对朋友说，“你应该这么做”、“你不应该这么做”、“你最好这么做”、“你必须这么做”，那么你无疑是想控制朋友的生活，这种做法，会使朋友感到很不愉快，有压抑感。

如果你是被控制者，不要认为有人为你操心一切是再好不过的了。控制你的朋友不是知心的朋友。一旦你把自己从他的“统治”下解放出来，就会出现奇迹，你和朋友就会变得平等。

过分依赖别人，只会使自己变得懒惰，懒于行动，懒于思考，最后也会连朋友都会厌烦你，你也会为此付出惨重的代价。

5. 友谊和爱情同等重要

恋爱早的人通常朋友少，这是一个很普遍而又令人心痛的现象。友谊和爱情没有轻重之分，不要为了一方而放弃另一方，这些代价都是无谓的。

你可能会看到，生活中很多人因获得了爱情就放弃了旧时的友谊。也许有的人不是心甘情愿的，可是，你的女友非常讨厌你的朋友，在你的面前说了他许多坏话，并反复以断绝恋爱关系相威胁。你的选择当然是很困难的。你爱上了一个人，但他却是背叛你朋友的人，他们在你房子里相遇，争吵得不可开交，并都愤然离开，你去追哪一个？你知道你的朋友喜欢拈花惹草，在大街上遇到你漂亮的恋人，你是否将她介绍给你的这位朋友？

这些都是日常生活中的麻烦事，即使是非常有“心机”的人也时常为此所困扰。面对这些，你的选择必须慎重，除非有悖道义，正常情况下，友谊和爱情同等重要。

如果在遇到冲突时，你的脑子里早已有了爱情重于友谊的概念，事后你多半会后悔不迭。

友谊和爱情哪一个更重要？多数人会选择后者，但很多情况下，当你痛下决心做出最终的抉择时，你失去的不仅仅是友谊。对爱情和友谊的抉择，你应该慎重对待，寻求两全其美的策略。

拉盖尔与维多莉亚是大学时的同学，在一次很重要的考验中，拉盖尔得到了维多莉亚“机智勇敢”的帮忙。为了感谢她，拉盖尔经常请她吃晚饭，她们成了好朋友。

维多莉亚不仅漂亮而且善解人意，与拉盖尔的暴躁性格正好相反。俩人互通电话时，先挂上电话的一定是拉盖尔，可维多莉亚总是微微一笑。

当有人问到她俩的友谊时，拉盖尔这样说：

“是的，我当时认为没有什么比我们的友谊更重要的了，维多莉亚和我已经密不可分，幸好我们都不是同性恋者。”

维多莉亚则说：“我在与拉盖尔交往的同时，一次我和罗蒂邂逅并一见钟情，那次赛马我们偶然遇到一起，都把所有的钱输在‘骄傲女神’的身上。我们垂头丧气地走出赛马场，一齐诅咒倒霉的运气。之后我们成了恋人，感情一直很好。

“维多莉亚和罗蒂是我生活中最重要的两个人，我认为他们应该认识一下，这样维多莉亚做我的伴娘时，罗蒂才不会大吃一惊。起初，我给他们做了介绍，仅有两杯咖啡的工夫，他们之间的谈话已经无拘无束了，我非常高兴。”拉盖尔说，“后来，一连两个星期我都没有和罗蒂约会，我觉得一定是哪儿出了故障，发疯似地给罗蒂打电话。罗蒂接到电话，跟我说，他要出差去墨西哥，马上就上飞机，不要送他了。我放下电话马上驱车去机场，我到达时飞机已起飞。很奇怪，我看见维多莉亚手持鲜花从里面走出来，我上去和她说话，并邀请她吃晚饭，她没有接受，说有事情走开了，这是她第一次拒绝我。”

拉盖尔继续叙说：

“我思考了半夜，弄不明白为什么。直到维多莉亚打电话告诉我，她和罗蒂相爱了，并准备订个日子结婚，我惊呆了，我真不相信这一切，在我的生活中要一下子失去了两个最重要的人。

“维多莉亚告诉我，当罗蒂和她第一次约会时，她十分不安，甚至有罪恶感。她几次想告诉我，但都缺乏勇气，维多莉亚含泪请我原谅，并乞求我们维持友谊，我别无选择，答应了令我心碎的事情。

“在一个阳光灿烂的日子，我做了维多莉亚的伴娘，新郎是我以前的男友罗蒂，至今我们也常常在周末聚会。

“假如我当时不再接受维多莉亚的道歉，今天我只能孤单一人。”

拉盖尔把友情与爱情放在同等的位置上，把三个人的关系处理得十分和谐，得以使友谊延续。

破碎的友谊就如被霜打过的菊花，用正确的方法培育再加以精心呵护，一样会盛开，甚至更加娇艳动人。

6. 接纳不同类型的朋友

聪明人通常善于识人辨人，更善于分辨朋友以区别对待，同时寻找时机增进友谊。在不同的朋友面前，“心机”就是理智。

常听人说：“千金易得，知己难求。”或慨叹：“相识满天下，知己无一人。”不错，知己已难得。但倘若每个朋友都是知己，可能又很单调，未必能令我们感到满足。不是每个人都会对我们推心置腹，我们也不能期望每个朋友都愿与我们坦诚相待，耐心听我们发牢骚。友谊的多彩，就在于它不单有知己深交或泛泛之交，而是在此二者之间存在了多种深浅不同的层次。做人有无“心机”，也在于我们是否懂得分辨和接纳不同层次的朋友，对他们有合适的期望，同时了解增进与维系各种情谊的方法。

(1) 知己

知己是我们人生中绝难找到的极少数朋友，他们可以诚恳地接纳我们的优点，也会接纳我们的缺点，处处忠诚地为我们着想。他们像面镜子，能给予我们劝勉和鼓励；又像影子，永远对我们信任、支持，是维持我们精神健康的支柱。

不过，对于知己我们也有义务不断地付出，同样舍己地为别人益处着想。去接纳、支持、聆听和帮助，是知己的责任。值得切记的是不要滥用知己的权利——知心朋友不等于“黏身”朋友，更不能要求对方完全同意自己、迁就自己。

（2）死党

他们多是一些来往密切，与自己的生活圈子很接近的朋友，彼此有相同的思想，相同的遭遇，故而很容易谈得来，在行动上有默契地成为一伙，组成小圈子活动。

“死党”是我们日常生活的好伙伴，可驱除孤单感，增加自信心，为生活加添色彩和热闹，是有需要时最好的支柱。

但若要整个“死党”能相处愉快，就需要大家彼此迁就，不执意独行，有合群的性格，才能发挥联合的力量。“死党”有事求助，我们应该挺身伸出援手，常加鼓励，看作是自己的本分。不过，可不要单单陶醉在这个“小圈子”里，完全排斥外界朋友，否则，可能会失去很多宝贵的友谊，更不要倚仗着后盾和势力而互相纵容。

（3）老友

他们是与我们很熟悉、相识多年的老朋友，如旧同学、一起长大的玩伴等。虽然大家见面的机会未必很多，但基于彼此熟悉，每次相逢都能天南地北地亲切交谈，成为一段畅快的经历。他们不是知己，有困难时未必会想到他们；大家的性格也未必接近，不过友谊倒是耐久而隽永，值得我们去珍惜和主动自然地表示关系。不要因为来往少而让友谊止于寒暄、敷衍的地步。

（4）来往密切的朋友

因为活动圈子相同，我们可能交到一些接触密切的朋友，如上司、同事、老师、同学等。他们很熟悉我们的生活小节，但却未必是那些互相了解，可倾诉心事的人。

对于这些朋友，虽然大家每日共事共学，但不能对人要求太高，因为彼此都没有什么承诺和默契。但起码相处应不忘礼貌，言行一致，真诚，工作上给予人方便，都是我们该遵守的，因为他们正是最能看透我们言行、工作能力和态度的人。不要老摆出外交式的笑容和虚假态度，更需小心因日常利害冲突而产生摩擦。

（5）单方面投入的朋友

有些人可能对我们很着迷和信任，常把心事向我们倾诉，但我们却没有那种共通的推心置腹的感觉。也有些时候，我们对某人特别崇拜倾慕，而对方却未必有热烈的反应，这种不平衡的关系多产生在一些不同位置的朋友之间，如老师与学生，班长与同学，偶像与“迷”等，不过有时普通朋友间也有这种不平衡现象。

当受人仰慕的时候，可不要轻看和玩弄别人的友情，或表示讨厌和高傲的态度，该尽力去助人成长，给予中肯建议，鼓励他发展独立精神，结识其他朋友。

当我们倾慕别人的时候，也不要成为他人的累赘，过分依赖。而应该积极从他人身上学习长处。切记，不要盲目崇拜，胡乱抛掷感情！

（6）普通朋友

这类朋友占了我们的朋友圈子大部分。他们可以和我们扯东扯西，谈些无关痛痒的话题，不过交情上可是谁也不欠谁，不会让大家牵肠挂肚。

虽说是普通朋友，也可成为游乐时的好玩伴。有难事，也可向有专门知识的朋友请教。这些来自不同背景的朋友能充实我们的知识，令我们感受到“相识遍天下”的温暖感觉。

这类朋友，只要我们肯扩张生活圈子，自然不会缺乏。至于感情发展嘛，顺其自然好了，别对人要求太苛刻，否则他们会受不了给吓跑的。

（7）泛泛之交

大家的友谊仅止于认识的阶段，是点头之交，连普通话题也未必有机会聊上。大家若能做到见面时打打招呼，保持礼貌距离，已是很不错的了。千万别对人随便过分信任，否则误交朋友，后悔可就迟了。

（8）朋友之外的朋友

除了以上七种，我们身边还有一些亦亲亦友的朋友，他们不是严格意义上的朋友，但彼此间的情谊不止于友情。

伴侣：共同生活的伴侣该是超越了一切层次的知己。他们对我们的了解，应较任何其他人更加深入。建立在深厚友谊上的爱情才是恒久的爱，让二人能乐于作终身的伙伴。

父母：在朋友的清单上，我们常会忽略了自己的父母。其实在一生中，父母都是我们的尊师和崇敬的对象，是比普通朋友更愿随时帮助我们的老朋友。父母与子女间常有的摩擦，起因可能就在于我们太执著、太随便，而吝于以待朋友的态度彼此相处。

手足：要待父母如朋友，可能因年龄上的距离，比较困难。兄弟姊妹的年龄、思想较为接近，当然较易成为好友。手足可以是我们的“死党”，甚至知己。

7. 可“利用”的朋友放在第一等

“有了朋友，生命才显示出全部的价值。智慧，友爱，这是照亮我们黑夜的唯一光亮。”稍有“心机”的人都知道，一个人的成功，除了机遇和自身的努力之外，还离不开众多朋友的支持和帮助，离不开对朋友的“利用”。

人们可能都有这样的体会，平时朋友多得没法数，前呼后拥好不威风，可到有事需要朋友帮助的时候，却抓不住一个，全都跑得无影无踪。有的人平时朋友并不多，可在需要时个顶个儿全都鼎力相助。其中的原因就是交朋友时没有分级。

朋友相交以“诚”，此乃至理，那为何又要分“等级”？那不就不诚了吗？非也！

某地有个很成功的商人，朋友无数，三教九流都有，他也曾逢人就夸，说他朋友之多，天下第一。后来有人问他，朋友这么多，他都同等对待吗？

他沉思了一下说：“当然不可以同等对待，要分等级的！”他说虽然自己交朋友都是诚心的，但别人来和他做朋友却不一定都是诚心的。在他的朋友中，人格清高的朋友固然很多，但想从他身上获取一点利益，心存二意的朋友也不少。“对方有坏意，不够诚恳的朋友，我总不能对他也推心置腹吧！”这位商人说：“那只会害了我自己。”

所以，在不得罪“朋友”的情况下，他把朋友分了“等级”，计有“刎颈之交级”、“推心置腹级”、“可商大事级”、“酒肉朋友级”、“嘻嘻哈哈级”、“保持距离级”等。他就根据这些等级来决定和对方来往的密度和自己心窗打开的程度。

“我过去就是因为人人都是好朋友，受到了不少伤害，包括物质上的伤害和心灵上的伤害。所以今天才会把朋友分等级。”很明显，“刎颈之交级”、“推心置腹级”和“可商大事级”的朋友，是可以利用的好朋友。

或许你认为把朋友分等级过于世故，过于有“心机”，但听了这位商人的话，使我们觉得分等级的确有其必要——为了便于利用和保护自己免受伤害。

要把朋友分等级其实并不容易，因为人都有主观的好恶，因此有时会把一片赤诚的人当成一肚子坏水的人，也会把凶狠的狼看成友善的狗，甚至在旁人提示时还不能发现自己的错误，非等到被朋友害了才大梦初醒。所以，要十分客观地将朋友分等级是十分困难的，但面对复杂的人性，你非得勉强自己把朋友分等级不可。心理上有分等级的准备，交朋友就会比较冷静客观，就可在关键时用得上，并且把伤害减到最低。

给朋友分等级，对心地纯真感情丰富的人很困难，他们只会一味付出，不善识人。而且把朋友分等级，他也会觉得有罪恶感。

不过，任何事情都要经过学习，慢慢培养这种习惯，等到了一定年纪，自然热情冷却，不用人提醒，也会把朋友分等级了。

分等级，可像前述那位商人那样分，也可简单地分为“可深交级”和“不可深交级”。

可深交的，你可以和他分享你的一切；不可深交的，维持基本的礼貌就可以了。这就好比客人来到你家，真正的客人请进客厅，推销员之类的在门口应付就行了。

另外，也要根据对方的特性，调整和他们交往的方式。但有一个前提必须记住，不管对方智商多高或多有钱，一定要是个“好人”才可深交，也就是说，对方和你做朋友的动机必须是纯正的。不过人常被对方的身份和背景所迷惑，结果把坏人当好人，这是很多人无法避免的错误。

把友分等级，也要选对时机，如果你目前平平淡淡或失意不得志，那么不必太急于把朋友分等级，因为你这时的朋友不会太多，还能维持感情的朋友应该不会太差。但当你有成就了，手上握有权和钱时，那时你的朋友就非分等级不可了，因为这时的朋友有很多都是另有所图，不是真心的。

8．放弃品质不良的朋友

航海有时需要弃船，人生有时需要弃友，二者都是非常之举。

朋友是我们人生环境的一部分，对我们的一生有莫大的影响。可以说，交上怎样的朋友，就会有怎样的命运。所以，在交友上，没有“心机”不行。

一只虱子常年住在富人的床铺上，由于它吸血的动作缓慢轻柔，富人一直没有发现它。一天，跳蚤拜访虱子。虱子对跳蚤的性情、来访目的、是否会对己不利，一概不闻不问，只是一味地表示欢迎。它还主动向跳蚤介绍说：“这个富人的血是香甜的，床铺是柔软的，今晚你可以饱餐一顿!”说得跳蚤口水直流，巴不得天快黑下来。

当富人进入梦乡时，早已迫不及待的跳蚤立即跳到他身上，狠狠地叮了一口。富人从梦中被咬醒，愤怒地令仆人搜查。伶俐的跳蚤跳走了，慢慢腾腾的虱子成了不速之客的替罪羊。虱子到死也不知道引起这场灾祸的根源。

因此，在选择朋友时，你要努力与那些乐观肯定、富于进取心、品格高尚和有才能的人交往，这样才能保证你拥有一个良好的生存环境，获得好的精神食粮以及朋友的真诚帮助。这正是孔子所说的“毋友不如己者”的意思。

相反，如果你择友不慎，恰恰结交了那些思想消极、品格低下、行为恶劣的人，你会陷入这种恶劣的环境难以自拔，甚至受到“恶友”的连累，成为无辜受难的“虱子”。

假如你已经交上了坏朋友，就要敬而远之，最好的方法就是把他抛弃，这就是“弃友”。要知道：把一只烂苹果留在筐里，会使一筐的苹果都腐烂掉。

要结交懂得自尊自爱的朋友。因为一个人如果不自尊，便无法尊敬别人。

与身心健全的人交往，不仅可以使自己得到别人的尊敬，而且也可以促进自己的身心健康，提高品德修养。有自尊心且身心健康的人，通常都有很强的个人主义意识，不喜欢轻易附和别人的意见。但其具有诚实的本性，不仅能忠实于自己，也能忠实于朋友。

而且，他们为了保护自己，常常会表现出很强的自尊心，但这种自尊并不是我们一般所谓的“傲慢”，而且也丝毫不含一点“轻视”别人的意味，只是事事自己做主，不容他人插足而已。

身心健康自然心态良好，他们能与人愉快相处，以整体的观点来说，这种人是属于和蔼、意志高昂的类型。因此，很容易成功。他们一般的生活情形如下。

工作很卖力，而且也有经济独立的能力。

过着安定、快乐的家庭生活。

能尽情地享受生活乐趣及休假的闲情。

一般健康状况良好，很少生病。

常受到人们的尊敬及喜爱。

很清楚自己的能力，而且能将自己的感情表达给别人知道。

能控制自己，因此，对自己的缺点并不十分苛求。

能享受过去及现在的生活，对于未来也充满希望。

有自尊心且身心健康的人不仅能在工作岗位上尽忠职守，而且也能在人生的过程中，享受到真正的乐趣。如果我们本身就是一个有自尊心且身心健康的人，一定能够轻易地分辨出别人是否和你具有同样的性格。

9. 防备突然升温的友情

真正的友情向来波澜不惊，不温不火，一如既往地保持着一种温度。因为做人要有“心机”，所以就要保持平和，但有时候，许久不联系的朋友突然频繁地给你打电话来，这就需要警觉了。

如果你和某人只是普通朋友，虽然也一起吃过饭，但还谈不上交情；如果你和某人曾是好友，但有一段时间未联络，感情似乎已经淡了……

对于这种状况，你要保持高度的“心机”。如果这样的人突然热情起来，那可能是有求于你了。之所以用“可能”这两个字，是为了对这样的行为保持一份客观，避免以小人之心，度君子之腹，误解对方的好意；因为人是有感情的动物，他有可能在一夜之间，因为你的言行而对你产生无法抑制的好感，就像男女互相吸引那样；不过这种情形不会太多，而你也要尽量避免这种联想，碰到突然升高热度的友情，只有冷静待之，保持距离，才不会被烫到。

要分析这种“友情”是否含有“企图”并不难。首先是看看自己目前的状况，是否握有资源，例如有权有势。如果是，那么这个人有可能对你有企图，想通过你得到一些好处；如果你无权也无势，但是有钱，那么这个人也有可能会向你借钱，甚至骗钱；如果你无权无势又无钱，没什么好让别人求的，那么这突然升高热度的友情基本上没有危险——但也有可能“项庄舞剑，意在沛公”，是想利用你这个人来帮他做些事，例如有些人就被骗去当劳力；或是重点在你的亲戚、朋友、家人，而你只是他过河的踏脚石。

从自己本身的状况检查这突然升高热度的友情真的有没有“危险”之后，你的态度仍要有所保留，因为这只是你的主观认定，并不一定正确。所以面对这突然升高热度的友情，你要做到以下几点。

①不推不迎。“不推”是不回绝对方的“好意”，就算你已经看出对方的企图也不要立即回绝，否则很可能立即得罪一个人；但也不可迫不及待的迎上去，因为这会让你抽身不得，抽了身又得罪对方，把自己变得很被动；不推不迎就好比男女谈恋爱，回应得太热烈，有时会让自己迷失，若突然斩断“情丝”，则会惹恼对方。

②冷眼以观。“冷眼”是指不动情，因为一动情就会失去判断的准确性，此时不如冷静地观看他到底是什么目的，并且做好防御准备，避免措手不及。一般来说，对方若对你有所图，都会在一段时间之后就“图穷匕见”，显现他的真目的，他不会跟你长时间耗下去的。

③礼尚往来。对这种友情，你要“投桃报李”，他请你吃饭，你送他礼物；他帮你忙，你也要有所回报，否则他若真的对你有所图，你会“吃人嘴软，拿人手短”，被他牢牢地控制住；想要临事脱逃，恐怕没那么容易。

做人不能没有提防之心，就像前人所说，防人之心不可无，如果是你本来不亲密的朋友，那就更要小心行事了。

10. 不要和“铁哥们儿”共同做事

社会不断发展，人性的阴暗面也越来越多地暴露出来，朋友的价值也不断地受到污染，这时候唯一具有可信性的或者说能够给人以信心的就剩下“哥们儿”，更保险点说是“铁哥们儿”。但是，在“哥们儿”面前更要保持冷静，不要失去“心机”和理智。

铁哥们儿的诱惑在于“有福同享，有难同当”，在于“两肋插刀”的气魄。有这么多诱人的东西摆在面前，仿佛只要有了铁哥们儿一切问题就都不是问题了。但铁哥们儿也不是万能的。

你没钱的时候，苦闷的时候，有钱的时候，高兴的时候找到铁哥们儿，都是最好不过的事。但有“心机”的人都拒绝一件事，那就是和铁哥们儿一起共事。

铁哥们儿就像恋人，同事就像老婆，是恋人就可以有许多美好的想象在里面，隔着一层美丽的面纱，有一种“雾里看花，水中望月”的朦胧；而老婆就不一样了，成天在你旁边絮絮叨叨，没完没了，纵使你有多大耐心也得被暴露无遗的对方搞得毫无兴致。而跟铁哥们儿共事无疑是把恋人变成老婆这样的愚蠢之举。

这得从铁哥们儿是怎么交下来的谈起。“君子之交淡如水”，这句话的确很有道理，因为假如一开始两个人之间就充满了利益的矛盾，他们是很难毫无芥蒂地走到一起去的，所以铁哥们儿只能是同学、战友、从小一起和泥长大的玩伴。因为没有利害冲突，所以就可以肆无忌惮地说东道西，聊天喝酒，一个星期见一回面或者更久，彼此有一点牵挂，然后更多的时间里是各忙各的。

铁哥们儿适合的范围就在于此。

而一旦走到一起去了，按现在的社会衡量能做什么呢？最切合实际的就是赚钱，来路正的钱当然很好，但这里面有一个谁领导谁的问题，哥们儿之间还可以有一个大哥，但铁哥们儿之间就难分彼此了，平时觉得意气相投，直来直去惯了，可工作就不能这样了，总得有人说话更有分量一些，但一个人一个想法，一个人一套思路，憋在心里，日久天长就会产生摩擦，产生隔阂，到最后好说好散还好，就怕弄得钱没赚到，反倒丢了朋友。一位朋友去旅游结婚，他的一个铁哥们儿正好也要出去办事，顺路，于是结伴而行。这不是什么有利害冲突的事，但一路走下去，双方都很失望，只是因为在那个过程当中，双方都不自觉地暴露了太多“淡如水”时无法发现的缺点，于是友谊便大大地打了折扣。

铁哥们儿之间共事还有一个不成文的定律，那就是大家的素质都很高，那么导致结果就是窝里斗；如果大家的素质不高，甚至还有破坏力很强的人，那么铁哥们儿共事的结果就是缺点的大综合，把本来能向好的方向发展的事搞得一无是处。好比你爱财，我很喜欢暴力，那么我们就有可能真的去做什么坏事了。即使不去同流合污，那你如果不是大义灭亲的话，又难免帮着保守一个见不得人的秘密，这是一件多么痛苦的事。

或者就让朋友们甘愿平庸，千万不能指望着有什么奇迹发生。但是，假如你非得与哥们儿共事，并且坚信不会造成任何有损于友谊的不良后果，那也可以，但你必须有足够的心理准备去承受失败。说一个最简单的例子，比如桃园三结义的刘关张，友谊可谓轰轰烈烈，千古流芳，但他们共事的结果是什么呢？一事无成而已。这里面更可怕的潜台词是刘备太倚重两个兄弟，结果诸葛亮对关、张二位就纵容了，华容道那档子事，以军法论处关羽该斩，但诸葛亮看在刘备的面子上，这事连提也不能提了，耽误多大的事。

一个人有铁哥们儿多半是为了更好地生存，更好地成就一番事业，而古今中外能够有所作为的人恰恰是那些不指望哥们儿的人。还是说三国，曹操一代奸雄，秉性多疑，没有一个朋友，但偏偏是他打下了基业，别人只能望其项背，自叹弗如。

在生活中，凡事只有靠自己，最好的哥们儿也不能依赖。铁哥们儿更像一种信仰，在现实里是没有任何回报的，它只是存在于心里，更确切一点说，在你有铁哥们儿的时候，你碰到任何事，你心里都有底。就像我们常说的：托哥们儿的福。